国家示范性高等职业院校艺术设计专业精品教材

高职高专艺术学门类『十三五』规划教材

室内装饰材料与构造（第二版）

SHINEI ZHUANGSHI CAILIAO YU GOUZAO

主　编　刘美英

副主编　张　弛　颜文明　郑丽伟

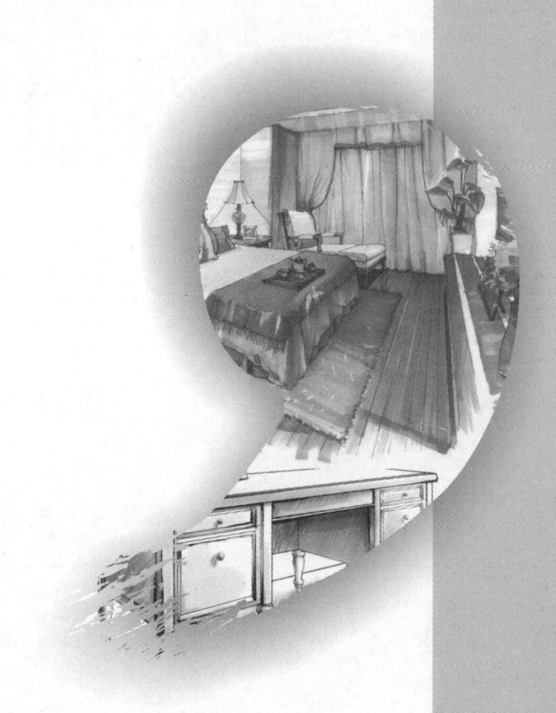

華中科技大學出版社
http://www.hustp.com
中国·武汉

图书在版编目(CIP)数据

室内装饰材料与构造/刘美英主编. —2版. —武汉：华中科技大学出版社，2016.4(2025.1重印)
高职高专艺术设计类"十三五"规划教材
ISBN 978-7-5680-1612-4

Ⅰ.①室… Ⅱ.②刘… Ⅲ.①室内装饰-建筑材料-装饰材料-高等职业教育-教材 ②室内装饰-构造-高等职业教育-教材 Ⅳ.①TU56 ②TU767

中国版本图书馆CIP数据核字(2016)第052161号

室内装饰材料与构造(第二版)
Shinei Zhuangshi Cailiao Yu Gouzao(Di-erban)

刘美英 主编

策划编辑：彭中军
责任编辑：彭中军
封面设计：正风文化
责任校对：祝 菲
责任监印：张正林
出版发行：华中科技大学出版社(中国·武汉)
武昌喻家山 邮编：430074 电话：(027)81321913
录 排：武汉正风天下文化发展有限公司
印 刷：武汉科源印刷设计有限公司
开 本：880mm×1230mm 1/16
印 张：10.5 插页：4
字 数：354千字
版 次：2012年8月第1版 2025年1月第2版第8次印刷
定 价：45.00元

序 XU

高职教育在国内已有十多年的实践经历，其人才培养目标与模式、课程体系与教学内容、实践实训教育等一直在不断探索之中，各地各校都积累了丰富的经验，其中艺术设计教育也先后在各高职院校中生根开花，结出可喜的果实。现在许多高职院校都已开设了不同类型的艺术类专业，虽专业方向和人才培养目标大都相似或相近，但办学特色各有不同，在遵循职业教育规律的前提下，各自做着有益的探索。

与欧美发达国家相比，我国的职业教育还比较年轻。因为国情的不同和各校实际办学条件的差异性等因素，我国职业艺术教育的办学质量和人才培养水平还有一个很大的提高空间。无锡工艺职业技术学院自 2008 年起，在学院内实行项目式课程改革，摸索校企合作模式，积累专业改革与课程建设的经验，以此强化办学特色，提高人才培养质量和办学水平。环境艺术系的室内设计技术专业作为首轮试点专业进行了一系列的改革试验。

本次专业改革与课程建设的主要目标是以国家和江苏省"十二五"高职教育发展纲要为指导，通过三年建设，建立一套完整并符合行业发展规律的人才培养方案，并通过课程建设、师资队伍建设和实践实训条件建设，进一步提高人才培养质量，以满足建筑装饰行业对室内设计与施工专业人才的需求。其主要任务是改革人才培养模式，制订项目化课程体系，进行课程建设、人才培养质量体系建设、师资队伍建设、实践实训条件建设和社会服务能力建设等。

依照"合作办学，合作育人，合作就业，合作发展"的方针要求，我们自始至终密切联系行业与企业，在建设期中的各个环节，校企双方都共同参与了改革与建设工作，包括行业调研、制订改革与建设方案、岗位工作任务论证、职业能力分析、课程体系确立、课程标准制订与项目设计、课程实施和课程与教材建设等，这些工作倾注了行业与企业专家、专业教师的大量心血。如今，建设工作已近尾声，我们在经历了这样一场全面的专业改革与课程建设工程后，对高职教育的认识、课程改革的内涵、校企合作的意义，以及自身观念和能力的提高等都有了切肤之感。

在系列建设项目中，教材建设是一项十分重要的内容。它来源于人才培养方案，并依据课程标准和项目设计而定。室内专业的岗位课程按照项目导向、任务驱动的特点而设计，力争做到课程标准与行业标准对接、学习内容与工作任务对接、学习环境与工作环境对接，使学生尽早熟悉真实的工作环境。在此基础上，我们制订了系列化的岗位课程教材建设计划，并明确了由行业、企业专家参与合作的要求，并对编写指导思想和编写体例等作了统一的要求。在行业、企业专家的密切配合下，经过两年多的讨论、编写、修改和编辑，出版了"高职高专艺术学门类'十三五'规划教材　室内设计专业项目化课程系列教材"。该系列教材以有实践经验的骨干教师为核心，行业、企业专家在总体设计和主要内容上重点把关，专业教师负责文稿撰写、图例配置等。该系列教材涵盖了室内设计专业各主干课程，强调学生实际应用能力的双向培养，注重体现以工作任务为基本参照点的项目化课程要求，以及以项目为单位组织教学内容的学习方式，试图把最有效的信息和最便捷的室内设计方法传授给学生。

我们知道，专业建设和课程改革不是一朝一夕的事情，项目化课程的教材建设也是一个不断提高的过程。我们尚不敢说该系列教材已是很完善的了，但我们有信心的是，作为对课程建设成果的总结，该系列教材在形式和内容设计上、在反映项目化课程特点上，都是一个有益的尝试，并能获得学生和行业、企业的认同，也真诚希望大家提出宝贵建议，帮助我们进一步完善该系列教材。

徐　南

2016年2月28日于江苏宜兴溪隐小筑

前言（第二版）

QIANYAN

经过三年的努力，这本书终于和大家见面了。

在准备这套教材之初，我们室内设计专业课程改革小组从教育部第 16 号文件学起，就《教育部关于全面提高高等职业教育教学质量的若干意见》进行了详细的讨论研究，结合目前国内高职教育的现状，重新完善了高职教育的目标和任务。我们编写本教材的目的是，围绕新的教学目标和任务——服务区域经济和社会发展，以就业为导向，培养技能型人才。

为了写好这本教材，三年的业余时间和寒暑假，我都在无锡长城装潢有限公司下厂实践。在这里，要特别感谢公司里各位项目经理、施工员和材料员，在我下厂实践和编写教材的过程中，他们给我提供了非常大的帮助。

同时，还要感谢无锡工艺职业技术学院环艺系室内设计专业的各位同事，为了编好本教材，曾经无数个周末，课改小组成员在系主任徐南老师的带领下，一起修改完善课程标准和教材细节，为这本教材的尽量完美做出了贡献。但是，由于本人能力有限，本教材在某些方面仍会存在不足，希望各位同行多提宝贵意见。

本书涉及的彩色图片见文后的彩图部分。

编　者

2016 年 3 月 8 日

室内装饰材料与构造（第二版）

MULU

基础认知
室内装饰材料基础知识

教学目标

最终目标:(1) 掌握常用室内装饰材料的性能、特点和应用;

(2) 理解室内装饰材料的分类及其应用情况;

(3) 了解室内装饰材料的发展趋势。

促成目标:(1) 培养比较、鉴别装饰材料和把握材料主要性能的能力;

(2) 进行有效的材料市场考察;

(3) 能够在设计和采购中自觉选用节能环保的材料。

工作任务

(1) 完成材料市场的调查工作;

(2) 采用各种方式搜集装饰材料相关知识。

活动设计

1. 活动思路

以多媒体的形式学习装饰材料的分类,了解其作用及发展趋势。学生应重点了解目前国内外最新的装饰装修材料和施工工艺,同时明确节能环保是建筑装饰材料的发展方向;结合装饰材料市场考察,学生应对各类材料的性能、色彩、质感、装饰效果等有全面了解。

2. 活动组织

活动组织如表 0-1 所示。

表 0-1 活动组织

序号	活动项目	具体实施	课时	课程资源
1	装饰材料的发展、分类及作用	理论讲授和讨论分析	6	多媒体课件、材料展示样板间、材料构造实训室
2	装饰材料市场考察	讲解讨论	4	实体材料和说明书

室内装饰是指为了保护建筑物的主体结构、完善建筑物的使用功能和美化建筑物,采用装饰装修材料或饰物,对建筑物的表面和空间进行的各种处理过程。室内装饰设计相对于其他专业来说,是一个新兴专业,是建筑设计不可缺少的一部分,其目标是不仅要满足功能要求,而且要满足精神需求。

室内装饰行业在近年的发展过程中,又被细分为硬装饰和软装饰两部分。

室内装饰的硬装饰一般是指对楼地面、踢脚、墙裙、墙面、顶棚、门窗、楼梯、栏杆、扶手等部位的装饰。

室内装饰的软装饰一般是指装修完毕之后,利用那些易更换、易变动位置的饰物与家具,如窗帘、沙发套、靠垫、工艺台布及装饰工艺品、装饰铁艺等,对室内进行二度陈设与布置。它打破了传统的装修行业界限,将工艺品、纺织品、收藏品、灯具、花艺、植物等进行重新组合,形成一个新的理念。

影响室内装饰效果的因素有很多,除了软装饰因素和设计因素外,主要有三个方面:室内装饰材料的特性与搭配、室内装饰的施工工艺与构造、室内装饰施工质量。本书主要介绍室内装饰材料和主要装饰部位的施工工艺与构造。

一、室内装饰材料简述

通常所说的室内装饰材料是指用于建筑物内部墙面、天棚、柱面、地面等的罩面材料。严格地说,应当称为室内建筑装饰材料。

现代室内装饰材料不仅能改善室内的艺术环境，使人们得到美的享受，而且兼有绝热、防潮、防火、吸声、隔音等多种功能，起着保护建筑物主体结构、延长其使用寿命以及满足某些特殊要求的作用，是现代建筑装饰不可缺少的一类材料。

（一）室内装饰材料的基本要求

室内装饰的艺术效果主要取决于装饰材料及做法的质感、线型、颜色三方面因素（即常说的建筑物饰面的三要素），这也可以说是对装饰材料的基本要求。

1. 质感

任何饰面材料都是以不同的质地感觉表现出来的。例如，结实或松软、细致或粗糙等。坚硬而表面光滑的材料如花岗石、大理石，表现出严肃、有力量、整洁之感；富有弹性而松软的材料如地毯及纺织品，则给人以柔顺、温暖、舒适之感。同种材料不同做法也可以获得不同的质感效果，如粗犷的集料外露混凝土墙面和光面混凝土墙面呈现出迥然不同的质感。

饰面的质感效果还与具体建筑物的体型、体量、立面风格等方面密切相关。粗犷质感的饰面材料用于体量小、立面造型比较纤细的建筑物不一定合适，而用于体量比较大的建筑物，效果就会好一些。另外，外墙装饰主要看远效果，材料的质感相对粗糙一点也无妨。而室内装饰多数是近距离观察，甚至可能与人的身体直接接触，因此通常采用质感较为细腻的材料。较大的空间，如公共设施的大厅、影剧院、会堂、会议厅等，其内墙适当采用较大线条及质感有粗细变化的材料也会有好的装饰效果。室内地面因使用上的需要，通常不考虑凹凸质感及线型变化，但陶瓷锦砖、水磨石、拼花木地板和其他软地面虽然表面光滑平整，却也可利用颜色及花纹的变化表现出独特的质感。

2. 线型

一定的分格缝、凹凸线条等也是构成立面装饰效果的因素。如抹灰、刷石、天然石材、混凝土条板等设置分块、分格，除了为防止开裂以及满足施工接茬的需要外，也是为了满足装饰立面在比例、尺度感上的需要。

3. 颜色

装饰材料的颜色丰富多彩，特别是涂料一类的饰面材料。改变建筑物的颜色通常要比改变其质感和线型容易得多。因此，颜色是构成各种材料装饰效果的一个重要因素。

不同的颜色会给人不同的感受，利用这个特点，可以使建筑物分别表现出质朴或华丽、温暖或凉爽、向后退缩或向前逼近等不同的效果。同时，这种感受还会受到使用环境的影响。例如，青灰色调在炎热气候的环境中显得凉爽安静，但在寒冷地区则会显得阴冷压抑。

（二）室内装饰材料的分类

室内装饰材料的品种、花色非常繁杂，且新材料层出不穷，因此要想全面了解和掌握各种室内装饰材料，首先要对其进行分类。常用的分类方法有以下两种。

1. 按化学成分分类

根据化学成分的不同，室内装饰材料可分为金属材料、非金属材料和复合材料三大类。

2. 按功能分类

按功能分类，装饰材料可分为功能性装饰材料和装饰性装饰材料。

功能性材料除了包括吸声、隔热、防水、防潮、防火、防霉、耐酸碱、耐污染等种类外，还包括室内主要装饰部位的兼具实用和美化装饰功能的材料,如灯具、天花板、地板造型等。

装饰性材料通常指单纯地具有美化功能的软装饰材料。

3. 按装饰部位分类

根据装饰部位的不同,室内装饰材料可分为墙面装饰材料、地面装饰材料、顶棚装饰材料、门窗装饰材料、建筑五金配件、卫生洁具、管材型材、胶结材料等,如表 0-2 所示。

表 0-2 按装饰部位分类的室内装饰材料

序号	类型	类型细分	材料举例
1	墙面装饰材料	涂料类	无机类涂料(如石灰、石膏、碱金属硅酸盐、硅溶胶等)、有机类涂料(如乙烯树脂、丙烯树脂、环氧树脂等)、有机无机复合类(如环氧硅溶胶、聚合物水泥、丙烯酸硅溶胶等)
		壁纸墙布类	塑料壁纸、玻璃纤维贴墙布、织锦缎、壁毡等
		软包类	真皮类、人造革、海绵垫等
		人造装饰板	印刷纸贴面装饰板、防火装饰板、PVC 贴面装饰板、三聚氰胺贴面装饰板、胶合板、微薄木贴面装饰板、铝塑板、彩色涂层钢板、石膏板等
		石材类	天然大理石、花岗石、青石板、人造大理石等
		陶瓷类	彩釉砖、墙地砖、马赛克、大型陶瓷饰面板、霹雳砖、琉璃砖等
		玻璃类	饰面玻璃板、玻璃马赛克、玻璃砖、玻璃幕墙材料等
		金属类	铝合金板、不锈钢板、铜合金板、镀锌钢板等
		装饰抹灰类	斩假石、剁斧石、仿石抹灰、水刷石、干粘石等
2	地面装饰材料	地板类	木地板、竹地板、复合地板、塑料地板等
		地砖类	陶瓷地砖、陶瓷马赛克、缸砖、水泥花砖、连锁砖等
		石材板块	天然花岗石、青石板、美术水磨石板等
		涂料类	聚氨酯类、苯乙烯丙烯酸酯类、酚醛地板涂料、环氧类涂布及地面涂料等
3	顶棚装饰材料	吊顶龙骨	木龙骨、轻钢龙骨、铝合金龙骨等
		吊挂配件	吊杆、吊挂件、挂插件等
		吊顶罩面板	硬质纤维板、石膏装饰板、矿棉装饰吸音板、塑料扣板、铝合金板等
4	门窗装饰材料	门窗框扇	木门窗、彩板钢门窗、塑钢门窗、玻璃钢门窗、铝合金门窗等
		门窗玻璃	普通窗用平板玻璃、磨砂玻璃、镀膜玻璃、压花玻璃、中空玻璃等
5	建筑五金配件	—	门窗五金、卫生水暖五金、家具五金、电器五金等
6	卫生洁具	—	陶瓷卫生洁具、塑料卫生洁具、石材类卫生洁具、玻璃钢卫生洁具、不锈钢卫生洁具等
7	管材型材	管材	钢质上下水管、塑料管、不锈钢管、铜管等
		异型材	楼梯扶手、画(挂)镜线、踢脚线、窗帘盒、防滑条、花饰等
8	胶结材料	无机胶凝材料	水泥、石灰、石膏、水玻璃等
		胶黏剂	石材胶黏剂、壁纸胶黏剂、板材胶黏剂、瓷砖胶黏剂、多用途胶黏剂等

(三)室内装饰材料的选择

室内装饰的目的就是造就一个自然、和谐、舒适而整洁的环境,各种装饰材料的色彩、质感、触感、光泽等的选用，将极大地影响到室内环境。一般来说，室内装饰材料的选用应根据以下几方面综合考虑。

1. 建筑类别与装饰部位

建筑物有各式各样的种类和功用，如大会堂、医院、办公楼、餐厅、厨房、浴室、厕所等建筑物的功能不同，它们对装饰材料的选择也各有不同要求。例如，大会堂庄严肃穆，其装饰材料常选用质感坚硬而表面光滑的材料，如大理石、花岗石，其色彩宜用较深色调，而不采用五颜六色的装饰；医院气氛沉重而宁静，宜用淡色调和花饰较小或素色的装饰材料。

装饰部位不同，材料的选择也不同。例如，卧室墙面宜淡雅明亮，但应避免强烈反光，可采用塑料壁纸、墙布等装饰；厨房、厕所应给人清洁、卫生的感觉，宜采用白色瓷砖或石材来装饰；而娱乐厅是一个令人兴奋的场所，装饰可以色彩缤纷、五光十色，则以采用给人刺激色调和质感的装饰材料为宜。

2. 地域和气候

装饰材料的选用常常与地域和气候有关。例如，水泥地坪的水磨石、花阶砖散热快，在寒冷地区采暖的房间里选用，会使长期生活在这种地面上的人感觉太冷，从而有不舒适感，故应采用木地板、塑料地板或高分子合成纤维地毯，其热传导系数低，使人感觉暖和舒适；而在炎热的南方，则应采用有冷感的材料。又如，在夏天的冷饮店里，采用绿、蓝、紫等冷色材料使人有清凉的感觉；而地下室、冷藏库则要用红、橙、黄等暖色调，为人们带来温暖的感觉。此方面的考虑在选材时可参照当地民居。

3. 场地与空间

不同的场地与空间，都要采用与人的活动相协调的装饰材料。例如，空间宽大的会堂、影剧院等，其装饰材料的表面组织可粗犷而坚硬，并有突出的立体感，还可采用大线条的图案；室内宽敞的房间，也可采用深色调和较大图案，不使人有空旷感；而对于较小的房间如目前我国的大部分城市住宅，其装饰要选择质感细腻、线型较细和有扩大空间效应颜色的材料。

4. 标准与功能

装饰材料的选择还应考虑建筑物的标准与功能要求。例如，宾馆和饭店有三星、四星、五星等级别，要不同程度地显示其内部的豪华、富丽堂皇甚至于珠光宝气的奢侈气氛，或是宾至如归的居家气氛，选用的装饰材料也应分别对待。比如它们的地面装饰，高级的场所选用全毛地毯，中级的场所选用化纤地毯或高级木地板等。

温度调节是现代建筑发展的一个重要方面，它要求装饰材料有保温绝热功能，故壁饰可采用泡沫型壁纸，玻璃采用隔热或调温玻璃等。在影院、会议室、广播室等的室内装饰中，则需要采用吸声装饰材料，如穿孔石膏板、软质纤维板、珍珠岩装饰吸声板等。总之，根据建筑物对吸声、隔热、防水、防潮、防火等的不同要求，选择装饰材料时都应考虑相应的功能需要。

5. 民族性

选择装饰材料时，要注意运用先进的材料与装饰技术，表现出民族传统和地方特点。如装饰金箔和琉璃制品是我国特有的装饰材料，这些材料一般用于古建筑或纪念性建筑装饰，以表现我国民族和文化的特色。

6. 经济合理性

从经济角度考虑装饰材料的选择，应有一个总体观念，即不但要考虑一次投资，也应考虑维修费用，且在关键问题上宁可加大投资，以延长其使用年限，从而保证总体上的经济性。如在浴室装饰中，防水措施极为重要，对此就应适当加大投资，选择高耐水性装饰材料。

二、现代室内装饰材料的发展特点

科学的进步和生活水平的不断提高,推动了建筑装饰材料工业的迅猛发展。除了产品的多品种、多规格、多花色等常规观念的发展外,近些年的装饰材料有如下一些发展特点。

1. 向质量小、强度高的产品发展

由于现代建筑向高楼层发展,因此建筑装饰对材料的容重有了新的要求。从装饰材料的用材方面来看,建筑装饰行业越来越多地应用如铝合金这样的轻质高强材料。从工艺方面看,则采取中空、夹层、蜂窝状等形式制造轻质高强的装饰材料。此外,采用高强度纤维或聚合物与普通材料复合,也是提高装饰材料强度而减小其质量的方法。如近些年应用的铝合金型材、镁铝合金覆面纤维板、人造大理石、中空玻化砖等产品即是例子。

2. 向产品的多功能性发展

近些年发展极快的镀膜玻璃、中空玻璃、夹层玻璃、热反射玻璃等,不仅调节了室内光线,而且配合了室内的空气调节,节约了能源。各种发泡型、泡沫型吸声板乃至吸声涂料,不仅装饰了室内,而且降低了噪声。以往常用作吊顶的软质吸声装饰纤维板,已逐渐被矿棉吸声板所取代,原因是后者有极强的阻燃性。对于现代高层建筑,阻燃性已是装饰材料不可少的指标之一。常用的装饰壁纸,现在也有了抗静电、防污染、报火警、防X射线、防虫蛀、防臭、隔热等不同功能的多种型号。

3. 向大规格、高精度发展

陶瓷墙地砖,以往的幅面均较小,国外现在多采用300 mm×300 mm、400 mm×400 mm,甚至1 000 mm×1 000 mm的墙地砖。发展趋势是大规格、高精度和薄型。如意大利的面砖,2 000 mm×2 000 mm幅面的长度尺寸精度为±0.2%,直角度为±0.1%。

4. 产品向规范化、系列化发展

装饰材料种类繁多,涉及专业面十分广,具有跨行业、跨部门、跨地区的特点,在产品的规范化、系列化方面有一定难度。我国根据国内经验,已从1975年开始有计划地向这方面发展,目前已初步形成门类品种较为齐全、标准较为规范的工业体系。但总体来说,尚有部分装饰材料产品还没有形成规范化和系列化,有待于我们进一步努力。

三、常用装饰材料介绍

(一)装饰塑料

塑料是指以合成树脂或天然树脂为主要原料,加入或不加入添加剂,在一定温度、压力下,经混炼、塑化、成型等工艺流程,在常温下保持制品形状不变的材料。装饰塑料是指用于室内装饰装修工程的各种塑料及其制品。

1. 塑料的特性

塑料之所以在装饰装修中得到广泛的应用,是因为它具有如下优点。

(1) 加工特性好　塑料可以根据使用要求加工成多种形状的产品,且加工工艺简单,易于采用机械化大规模生产。

(2) 质量小(俗称质轻)　塑料的密度在0.8～2.2 g/cm³之间,一般只有钢的1/4～1/3,铝的1/2,混凝土的1/3,与木材相近。塑料用于装饰装修工程,可以减轻施工强度和降低建筑物的自重。

(3) 比强度大 塑料的比强度远高于水泥混凝土,接近甚至超过了钢材,属于一种轻质高强材料。

(4) 传热系数小 塑料的传热系数很小,为金属的1/600～1/500。泡沫塑料的传热系数更小,约为金属的1/1 500,水泥混凝土的1/40,普通黏土砖的1/20,是理想的隔热材料。

(5) 化学稳定性好 塑料对一般的酸、碱、盐及油脂有较好的耐蚀性,比金属材料和一些无机材料好得多,特别适合用于化工厂的门窗、地面、墙体等。

(6) 电绝缘性好 一般塑料都是电的不良导体,其电绝缘性可与陶瓷、橡胶媲美。

(7) 性能设计性好 可通过改变配方、加工工艺,将塑料制成具有各种特殊性能的工程材料。如高强的碳纤维复合材料,隔音、保温复合板材,密封材料,防水材料等。

(8) 富有装饰性 塑料可以制成透明的制品,也可制成各种颜色的制品,而且色泽美观、耐久,还可用先进的印刷、压花、电镀及烫金技术制成具有各种图案、造型和表面立体感、金属感的制品。

(9) 有利于建筑工业化 许多建筑塑料制品或配件都可以在工厂生产,然后现场装配,可大大提高施工的效率。

塑料也不是尽善尽美的装饰材料,存在如下一些缺点。

(1) 易老化 塑料制品的老化是指制品在阳光、空气、热及环境介质如酸、碱、盐等作用下,分子结构发生渐变,增塑剂等组分挥发,化合键断裂,造成力学性能变坏,甚至发生硬脆、破坏等现象。

(2) 易燃 塑料不仅可燃,而且在燃烧时发烟量大,甚至产生有毒气体。但通过改进配方,如加入阻燃剂、无机填料等,也可制成自熄、难燃甚至不燃的产品。不过其防火性能仍比无机材料差,在使用中应予以注意。在建筑物某些容易蔓延火焰的部位应尽量不使用塑料制品。

(3) 耐热性差 塑料一般都具有受热变形,甚至分解的问题,在使用中要注意限制其温度。

(4) 刚度小 塑料是一种黏弹性材料,在载荷的长期作用下易产生蠕变,即随着时间的延续而变形增大。而且温度越高,变形增大越快。因此,应尽量避免将其用于承重结构。但塑料中的纤维增强等复合材料以及某些高性能的工程塑料,其强度大大提高,甚至可超过钢材。

2. 塑料的品种

塑料按制品的形态可分为以下几种:

① 薄膜制品,主要用作壁纸、印刷饰面薄膜、防水材料及隔离层等;

② 薄板,如装饰板材、门面板、铺地板、彩色有机玻璃等;

③ 异型板材,如玻璃钢屋面板、内外墙板等;

④ 管材,主要用于给排水管道系统;

⑤ 异型管材,主要用于塑料门窗及楼梯扶手等;

⑥ 泡沫塑料,主要用作隔热材料;

⑦ 模制品,主要用作建筑五金、卫生洁具及管道配件;

⑧ 复合板材,主要用作墙体、屋面、吊顶材料;

⑨ 盒形结构,主要由塑料部件及装饰面层组合而成,用于卫生间、厨房或移动式房屋;

⑩ 溶液或乳液,主要用作胶黏剂、建筑涂料等。

目前,用于建筑装饰的塑料制品很多,几乎遍及室内装饰的各个部位,最常见的有塑料地板、铺地卷材、塑料地毯、塑料装饰板、塑料墙纸、塑料门窗型材、塑料管材、塑料装饰品等。

3. 常用塑料管道材料

供水管道是家庭装修的最基础设施之一,其重要性是不言而喻的,因为大家每天的生活用水都是由管道供给的。管道质量的好坏决定着供给水的安全性高低,主要包括卫生和物理性能安全。随着生活水平的普遍提高,人们对于饮用水质的关注度也日渐提高,尤其是水质的二次污染问题,而住房供水系统正是处于水质二次污染的最重要供给链中,所以住房供水系统的安全性就显得非常重要。

目前,市场上供应的管道材料主要有镀锌钢管、内衬塑镀锌钢管、PVC 塑料管、PP-R 塑料管、铝塑复合管、铜管、包塑铜管、不锈钢内衬塑管、不锈钢外覆塑管、全不锈钢管等。

PP-R 给水管是 20 世纪 90 年代中期引进国外技术及原料而生产的新一代绿色管道产品,其无毒无味、耐热耐压、耐蚀、流阻小、保温性能好,并且能以本体材料热熔连接,大大提高了连接可靠性。PP-R 管是目前供水管道最为经济实用的产品,它可以暗埋安装,是当前我国建设部正在大力推广使用的建材之一。

但是 PP-R 管也存在着低温脆性和膨胀系数过大的缺点,同时,目前国内还没有真正大批量生产优质原料,大部分还是靠进口国外原料,如欧洲和韩国等。一段时间里,国内 PP-R 管市场较为紊乱,以次充好、假冒伪劣现象时有发生,不仅消费者,而且业内行家也未必能有效辨别真假管道或它是使用哪种原料生产的。不过自从 2003 年 1 月 1 日开始实施国家标准以来,市场有了明显好转,一些地下工厂被市场淘汰,各地政府机构也开始逐渐重视并维护这一巨大市场的健康发展。

铜水管是当今发达国家首选的供水管道,它具有流阻小、耐热、耐冻、耐压、无辐射老化、抗菌、卫生、使用寿命长等优点。市场上的塑覆铜管更是具有保温性能好的优点,可以说目前为止铜水管是供水管道的终极产品。但铜水管造价较高,焊接技能要求也高,同时铜的膨胀力很大,需要设置专门的膨胀力消除装置。目前国内铜水管在中高档宾馆、酒店、医院、商务楼、高级公寓别墅和沿海较发达地区的商住楼使用较多,但随着国民经济发展,居民生活质量提高,铜水管的应用数量、应用范围将逐步扩大。

不同塑料管材的特性比较如表 0-3 所示。

表 0-3 塑料管材的比较

管材名称	优　点	缺　点	用　途
PVC 管	具有较好的抗拉、抗压强度;耐蚀性优良;价格在各类塑料管中最便宜	柔性不如其他塑料管;低温下较脆;黏结、承插胶圈来连接 PVC 管材,含铅,危害健康	排污
UPVC 管	不导电,因而不容易与酸、碱、盐发生电化学反应,所以酸、碱、盐都难以腐蚀它;柔软性好;质量小,运输方便	排水噪声大;承压能力较弱;存在建筑防火问题;刚度易受温度影响	给水
PE 管	质量小,韧度好,可盘绕;耐低温性能较好;无毒;抗冲击强度高;价格较便宜	抗压、抗拉强度较低;工作温度不宜高于 40 ℃	煤气、液化气、天然气输送管道;给水
PP-R 管	卫生、无毒、无锈蚀、不结垢,符合生活饮用水供给标准;耐高温(最高输出水温可达 95 ℃);耐高压(耐压力实验强度达 5 MPa 以上)	易碎,热熔技术要求较高	冷热水供给系统,包括集中供热系统;采暖系统,包括地板、壁板及辐射采暖系统;可直接饮用的纯净水供水系统;中央(集中)空调系统

部分供水管材示例如图 0-1 所示。

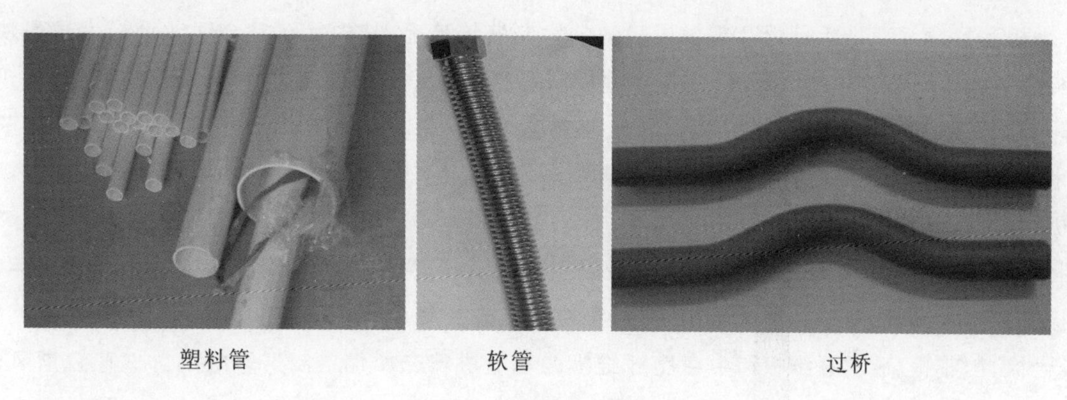

塑料管 软管 过桥

图 0-1 供水管材示例

（二）木质装饰材料

木质装饰材料包括木、竹材，以及以木、竹材为主要原料加工而成的一类适合于家具和室内装饰装修的材料。

木材和竹材是人类最早应用于建筑以及装饰装修的材料之一。由于木、竹材具有许多不可由其他材料所替代的优良特性，所以虽然其他种类的新材料不断出现，木、竹材至今在建筑装饰装修中仍然占有极其重要的地位。

1. 木质装饰材料的特性

木质装饰材料的特点可以归结为如下几点。

（1）不可替代的天然性　木、竹材是天然的材料，有独特的质地与构造，其纹理、年轮和色泽等能够给人一种回归自然、返璞归真的感觉，深受大众喜爱。

（2）典型的绿色材料　木、竹材本身不存在污染，其散发的清香和纯真的视觉感受有益于人们的身体健康。与塑料、钢铁等材料相比，木、竹材是可循环利用和永续利用的材料。

（3）优良的力学性能　木、竹材是质轻而比强度高的材料，具有良好的绝热、吸声、吸湿和绝缘性能。同时，木、竹材与钢铁、水泥和石材相比具有一定的弹性，可以缓和冲击力，提高人们居住和行走的安全性。

（4）良好的加工性　木、竹材可以方便地进行锯、刨、铣、钉、剪等机械加工和贴、粘、涂、画、烙、雕等装饰加工。

基于上述特点，木质装饰材料迄今为止仍然是建筑装饰领域中应用最多的材料。它们有的具有天然的花纹和色彩，有的具有人工制作的图案；有的体现出大自然的本色，有的显示出人类巧夺天工的装饰本领。它们为装饰世界注入了清新、欢快、淡雅、华贵、庄严、肃静、活泼、轻松等各种各样的气氛。

人造板工业的发展极大地推动了木质装饰材料的发展。中密度纤维板、刨花板、微粒板、细木工板、竹质板等基材的迅猛发展，以及新的表面装饰材料和新的表面装饰工艺与设备的不断出现，使木质装饰材料从品种、花色、质地到产量都大大向前推进了一步。

木质装饰材料具有优良的特性和广泛的来源，因此，它们大量应用于宾馆、饭店、影剧院、会议厅、居室、车船、机舱等各种建筑的室内装饰中。

2. 木质装饰材料的种类

木质装饰材料按其结构与功能不同，可分为木地板（包括竹地板）、装饰薄木、木质人造板、装饰人造板、装饰型材五大类，其中以木地板和装饰人造板的品种及花色最多，应用也最广。在木地板的几大系列中，多层复合地板、竹地板和复合强化地板是近几年发展较快的木制装饰产品,其中尤以复合强化地板发展最快,它以优良的性能和合适的价格吸引了广大顾客,占据了地板市场的半壁江山。装饰人造板则不仅产量增长迅猛,而且花色、品种层出不穷,其中以不同材料的贴面装饰人造板发展最快。而装饰薄木由于珍贵树种的日渐减少,天然刨切薄木增长减慢,所以人造薄木的品种和产量逐渐增加。近年来,装饰型材也大量涌向装饰市场,品种和花色更新极快,成为消费新热点。

(1) 木地板　地板的基材最初均为原木,一般采用质地坚硬、花纹美观、不易腐烂的木材。这种用木材直接加工的地板称为实木地板,由于其纯天然的构造,至今仍然在市场上畅销不衰。近年来,由于人造板的迅速发展,采用胶合板、刨花板、硬质纤维板和中密度纤维板为基材进行二次加工制造地板的方式已日渐风行。特别是采用中密度纤维板为基材,经三聚氰胺浸渍纸贴面加工而成的复合强化地板,已成为人造板结构类地板中的佼佼者。

另外,我国是竹材生产大国,有着丰富的竹类资源,因此近年来采用竹材为基材的地板发展也相当快。竹材质地坚硬,色泽淡雅而一致,尺寸稳定而耐用,制成的地板档次较高。竹地板归在木地板一类中。

(2) 装饰薄木　装饰薄木的基材一般为花纹美观、质地优良的珍贵树种,而且要求材径粗大,这往往限制了它的发展。因此,随着技术的进步和生产的发展,出现了一种新的人造基材——人工木方。它是采用普通树种经过机械加工、漂白、染色等一系列工序后,再重新排列组合和胶压而成。人工木方的构成有多种方式,用它来刨切的薄木花纹也千姿百态,模拟的天然木材花纹惟妙惟肖,创新的人工图案则巧夺天工。这样不仅大大扩展了装饰薄木基材的来源,而且使装饰薄木又出现了一个装饰图案变化多端的新品种。

(3) 木质人造板　木质人造板是在装饰装修中大量使用的基本材料,也是装饰人造板采用最多的板材。它是木材、竹材、植物纤维等材料经不同加工方式制成的纤维、刨花、碎料、单板、薄片、木条等基本单元,经干燥、施胶、铺装、热压等工序制成的一大类板材。这类板材品种很多,包括竹胶合板、普通刨花板、定向刨花板、微粒板、木工板、集成材、指接材、层积材等。它们大多采用木材采伐剩余物、加工剩余物、间伐材、速生工业用材或非木材植物,如竹材、蔗渣、棉秆、麻秆、稻草、麦秸、高粱秆、玉米秆、葵花秆、稻壳等作主要原料,原料来源广泛、成本低廉,是建筑和装饰装修目前和今后应当大力发展的材料。

(4) 装饰人造板　装饰人造板是将木质人造板进行各种装饰加工而成的板材。其色泽、平面图案、立体图案、表面构造、光泽等的不同变化,大大提高了材料的视觉效果、艺术感受和材料的声、光、电、热、化学、耐水、耐候等性能,增强了材料的表达力并拓宽了材料的应用面,因而成为装饰领域应用最广泛的材料之一。

(5) 装饰型材　装饰型材近年来异军突起,成为装饰领域里发展最快的材料之一。它是采用木材、竹材、木质人造板等原料经机械加工、模压、贴面等工艺制造而成的,可以直接用于室内墙面、地面、顶棚的装饰装修以及直接用作门窗、扶梯等结构件的一类材料。

3. 木质材料的装饰方法

木质材料的装饰方法目前主要有如下几类。

(1) 拼花　这类装饰主要利用木材和竹材的天然花纹和色泽,人为地将木质装饰材料排列组合成一定图案的装饰件。例如地板的拼花、刨切薄木和旋切薄竹的拼花等。人造薄木的制作与应用也可以归属于此类装饰。

(2) 贴面　这是木质装饰材料目前应用最广泛的装饰方法。随着科学技术的进步和人们对生活质量要求的不断提高,表面装饰材料发展极快,木质、塑料、金属、玻璃、纺织品、无机矿、皮革、天然纤维等各种材料的装饰制品层出不穷、变化万千,使贴面装饰成为主要的装饰手段。它装饰工艺简单,图案、纹理、色泽花样多,装饰效果很好,深受大众喜爱。其中尤以树脂浸渍材料贴面最为流行,低压短周期贴面工艺和真空负压贴面工艺的出现,更加快了这一装饰方法的发展。

(3) 涂饰　涂饰是最古老、最普通、最易行的装饰方法，在室内装饰中也是应用最多的装饰方法之一。无论是透明涂饰还是不透明涂饰，都应用得相当广泛。转移印刷、木纹直接印刷也属于这类装饰，它们也获得了广泛的应用。

(4) 表面加工装饰　这类装饰是采用机械、电子、化学、光学等方法，在材料表面上制作色彩和图案(包括立体图案)，有开沟槽、烙花、压花、打孔、喷粒、模压浮雕、电雕刻、光雕刻、植绒、发泡等多种手段，近年来还出现了表面瓷化、电镀等新的表面装饰工艺。表面加工装饰常常与其他装饰处理方法结合起来使用，可以得到更好的装饰效果。例如，将机械铣型和真空覆膜结合起来，可以获得极佳的立体图案。

(三)装饰石材

装饰石材包括天然石材和人造石材两类。天然石材是一种有悠久应用历史的建筑材料，天然石材作为结构材料，具有强度、硬度较高和耐磨、耐久等优良性能。另外，天然石材经表面处理可以获得优良的装饰性，对建筑物起保护和装饰作用。人造石材近年来发展很快，在材料加工生产、装饰效果和产品价格等方面都显示了其优越性，成为一种有发展前途的建筑装饰材料。

1. 装饰石材的品种

装饰石材种类繁多，按功能可分为如下几类。

(1) 饰面石材　它主要为各种颜色、各式花纹图案、不同规格的天然花岗石、大理石、板石及人造石材，包括复合石材、水磨石板材等，品种有国外进口和国产的，种类繁多。

(2) 墙体石材　它主要用于建筑群体的内外墙，如外墙用蘑菇石、壁石、文化石、幕墙干挂石，其规格各异，有天然型、复合型及基础用不同规格块石等。

(3) 铺地石材　如室内外地面，公园小径、人行道的天然石材成品、半成品和荒料块石等。

(4) 装饰石材　如壁画、镶嵌画、图案石、文化石，各种异型加工材料圆柱和方柱、线条石、窗台石、楼梯石、栏杆石、门套、进门石等。

(5) 生活用石材　如石材家具、灶台石、卫生间台面板、桌面板等。

(6) 艺术石材　它通常是用于大厅、会议室、走廊、展示厅等处的石雕、艺雕制品，如名人雕像，飞禽走兽、浮游生物塑像、铭志石等。

(7) 环境石　环境石又称环境美化石材，如台阶石、拼花石、屏石、石柱、石桌、石凳等。

(8) 电器用石材　如各种不同规格的石制绝缘板、开关板、灯座及石灯等。

装饰装修常用的天然石材主要有天然花岗石和天然大理石。除此之外，常用的装饰石材还有人造石材，用于观赏把玩的还有各种玉石、雨花石、田黄石等。

2. 天然石材

1) 天然大理石

天然装饰石材中应用最多的是大理石，它因在云南大理盛产而得名。大理石是由石灰岩和白云岩在高温、高压下自身矿物成分重新结晶变质而成的。它的结晶主要由方解石或白云石组成，具有致密的隐晶结构。纯大理石为白色，俗称汉白玉，若在变质过程中混进其他杂质，就会呈现不同的颜色与花纹、斑点。例如，含碳大理石呈黑色，含氧化铁则呈玫瑰色、橘红色，含氧化亚铁、铜、镍的大理石呈绿色，含锰则呈紫色。

大理石的主要成分为碳酸钙，大气和雨水中所含二氧化碳、碳化物及水等对它有腐蚀作用，因此除个别品种(如汉白玉、艾叶青等)外，它一般只用于室内。

天然大理石石质细腻、光泽柔润，有很强的装饰性。目前应用较多的有以下品种。

(1) 单色大理石　如纯白的汉白玉、雪花白和纯黑的墨玉、中国黑等,是高级墙面装饰和浮雕装饰的重要材料,也用作各种台面。

(2) 云灰大理石　云灰大理石底色为灰色,灰色底面上常有天然云彩状纹理,带有水波纹的则称为水花石。云灰大理石纹理美观大方,加工性能好,是饰面板材中使用最多的品种。

(3) 彩花大理石　彩花大理石是薄层状结构,经过抛光后,它能呈现出各种色彩斑斓的天然图画。彩花大理石经过精心挑选和研磨,可以制成由天然纹理构成的山水、花木、禽兽虫鱼等大理石画屏,是大理石中的极品。

大理石的产地很多,世界上以意大利生产的大理石最为名贵。我国几乎每个省、市、自治区都产大理石。大理石板材以外观质量、光泽度和颜色花纹作为评价指标,对强度、容重、吸水率和耐磨性等不做要求。天然大理石板材根据花色、特征、原料产地来命名,如雪浪、秋景、晶白、虎皮、红奶油、丹东绿、苍白玉、雪花白等。图 0-2 所示为部分世界优质大理石品种示例。

图 0-2　大理石品种示例

(a) 意大利-凯悦红;(b) 意大利-纹绿;(c) 巴西-珍珠白麻;(d) 印度-英国棕;(e) 意大利-山水纹大花;(f) 印度-玫瑰珍珠

天然大理石结构致密但硬度不高,色彩、斑纹、斑块可以形成光洁细腻的天然纹理,容易加工,如雕琢、磨平和抛光等。大理石抛光后光洁细腻,纹理自然流畅,有很高的装饰性。大理石吸水率小,耐久性高,可以使用40～100 年。

天然大理石板材及异型材制品是室内装饰装修及家具制作的重要材料。它们用于大型公共建筑,如宾馆、展厅、商场、机场、车站等的室内墙面、地面、楼梯踏板、栏板、台面、窗台板、踏脚板等,也用于家具台面和室内外家具。

2) 装饰用花岗石

花岗石俗称花岗岩,以石英、长石和云母为主要成分。其中长石含量为 40%～60%,石英含量为 20%～

40%，其颜色取决于所含成分的种类和数量。花岗石为全结晶结构的岩石，二氧化硅含量较高，属于酸性岩石。某些花岗石含有微量放射性元素，这类花岗石应避免用于室内。花岗石结构致密，质地坚硬，耐气候性好，耐酸碱，可以在室外长期使用。

优质花岗石晶粒细而均匀，构造紧密，抗压强度高，吸水率低，表面硬度大，化学稳定性好，耐久性强，但耐火性差。

花岗石是一种优良的建筑石材，它常用于基础、桥墩、台阶、路面，也可用于砌筑房屋、围墙等，尤其适用于修建有纪念意义的建筑物，如天安门广场上的人民英雄纪念碑就是由一整块 100 t 的花岗石琢磨而成的。在我国各大城市的大型建筑中，曾广泛采用花岗石作为建筑物立面的主要材料。花岗石也可用于室内地面和立柱装饰、耐磨性要求高的台面和台阶踏步等。由于修琢和铺贴费工，因此它是一种价格较高的装饰材料。在工业上，花岗石常被当作一种耐酸材料使用。

花岗石可做成多种表面，如抛光、亚光、细磨、火烧、水刀处理和喷砂。由于天然花岗石中常常含有放射性物质，使用花岗石的时候需要先测量其辐射水平，再确认其使用场所。

(1) 花岗石的分类　装饰用花岗石磨光板材光亮如镜，有华丽高贵的装饰效果。常见的花岗石磨光板品种有以下几个系列。

① 红色系列　如四川红、石棉红、岑溪红、虎皮红、樱桃红、平谷红、杜鹃红、玫瑰红、贵妃红、鲁青红、连州大红等。

② 黄红色系列　如岑溪橘红、东留肉红、连州浅红、兴洋桃红、兴洋橘红、浅红小花、樱花红、珊瑚花、虎皮黄等。

③ 花白系列　如白石花、白虎涧、黑白花、芝麻白、岭南花白、济南花白、四川花白等。

④ 黑色系列　如淡青黑、纯黑、芝麻黑、四川黑、烟台黑、沈阳黑、长春黑等。

⑤ 青色系列　如芝麻青、米易绿、细麻青、济南青、竹叶青、菊花青、青花、芦花青、南雄青、攀西兰等。

(2) 花岗石的选择标准　选择花岗石一般要求厚薄均匀，四个角准确分明，切边整齐，各个直角相互对应；表面光滑明亮，光亮度在 80 以上，且不要有凹坑；花纹均匀，图案鲜明，没有杂色，色差也一致；内部结构紧密，没有裂缝；承重厚度不小于 9 mm。

方块板材的选择，要求表面切割整齐，表面的光滑度、图案、颜色一致等。另外还要注意以下几点。

① 检查所提供的石材是否为天然石材，其材料性能是否满足或优于国家标准《天然花岗石建筑板材》(GB/T 18601—2009)。

② 质量检测要求：外形尺寸规定值或允许偏差值为长≤1 mm、宽≤1 mm、厚≤1 mm，表面平整度规定值或允许偏差值≤0.5 mm，对角线规定值或允许偏差值≤0.5 mm。

③ 花岗石平台外观质量是否为优等品，块材的颜色、色差、花纹是否调和及均匀一致。

④ 平台表面是否有缺棱、缺角、裂纹、色斑、色线、坑窝等外观缺陷。

⑤ 平台表面是否涂刷六面石材防护涂料，以确保石材的防水、防污性能。

⑥ 石材是否通过国家石材质量监测中心的有关检验，包括物理性、放射性、冻融性等；是否具备有关检验报告。

⑦ 石材产地及名称也是长期以来人们很看重的因素。从质量上来看，国产石材与进口石材的差距并不大，但是前者的价格却低许多。原因主要在于进口石材更加富于变化，更具装饰性，也就是说进口石材铺设起来更好看一些。这种工艺上的差距不是一下子就能消除的，我国各厂家都在努力缩小这个差距。在实用性上，国产石材可以说已经毫不逊色于进口石材了。

3. 人造石材

人造石材一般指人造大理石和人造花岗石,以人造大理石的应用较为广泛。由于天然石材的加工成本高,现代建筑装饰业常采用人造石材。它具有质量小、强度高、装饰性强、耐腐蚀、耐污染、生产工艺简单及施工方便等优点,因而得到了广泛应用。

人造大理石之所以能得到较快发展,是因为具有如下一些特点。

(1) 容重较天然石材小,一般为天然大理石和花岗石的80%。其厚度一般仅为天然石材的40%,从而可大幅度减小建筑物质量,方便了运输与施工。

(2) 天然大理石一般不耐酸,而人造大理石可广泛用于酸性介质场所。

(3) 人造大理石生产工艺与设备不复杂,原料易得,色调与花纹可按需要设计,也可比较容易地制成形状复杂的制品。

人造石材按照使用的原材料分为四类:水泥型人造石材、树脂型人造石材、复合型人造石材及烧结型人造石材。但实际上应用较多的为前两类。它们的特点如下。

(1) 水泥型人造石材　水磨石和各类花阶砖即属此类。它是以水泥为胶黏剂,砂为细骨料,碎大理石、碎花岗石、工业废渣等为粗骨料,经配料、搅拌、成型、加压蒸养、磨光、抛光等工序而制成的。通常所用的水泥为硅酸盐水泥,现在也用铝酸盐水泥作胶黏剂,用它制成的人造石材具有表面光泽度高、花纹耐久的特点,抗风化、耐火性、防潮性都优于一般的人造石材。其取材方便,价格低廉,但装饰性较差。

(2) 树脂型人造石材　树脂型人造石材是室内装饰工程中主要采用的人造石材。这种人造石材多是以不饱和聚酯树脂为胶黏剂,与石英砂、碎大理石、方解石粉等搅拌混合,浇铸成型,经固化、脱模、烘干、抛光等工序制成的。目前,国内外人造石材以聚酯树脂型为多。这种树脂的黏度低,易成型,常温下可固化。其产品光泽性好,颜色鲜亮,具有可加工性。制成的石材质量小、强度高、耐腐蚀、耐污染、施工方便、花纹图案多样,常被用于室内外墙地装饰,也是目前使用最广泛的人造石材。

(3) 复合型人造石材是以水泥型人造石材为基层,树脂型人造大理石为面层,将两层胶结在一起形成的人工石材;或是以水泥型人造石材为基体,将其在有机单体中浸渍,再使浸入内部的有机单体聚合而固化形成的人工石材。复合型人造石材既有树脂型人造石材的外观质量,又有水泥型人造石材成本低的优点,是建筑装饰中较受欢迎的贴面类材料。

(4) 烧结型人造石材的装饰性好,性能稳定。这种类型的人造石材的生产工艺与陶瓷的生产工艺相似,但需经高温焙烧,因而能耗大、造价高。

4. 天然石材与人造石材特性比较

天然石材的密度比较大,质地坚硬,防刮伤性能十分突出,耐磨性能良好,纹理非常美观,而且造价也比较低。但是,天然石材有孔隙,易积存油垢;天然石材较短,两块拼接时也不能浑然一体,缝隙易滋生细菌;天然石材密度较大,用作台面时需要结实的橱柜支撑;虽然质地坚硬,但天然石材弹性不足,如遇重击会发生裂缝,很难修补,一些看不见的天然裂纹遇温度急剧变化也会发生破裂;天然石材脆性大,不能制作幅面超过1 m的台面。

与天然石材相比,人造石材更耐磨、耐酸、耐高温,其抗冲、抗压、抗折、抗渗透等功能也很强。人造石材的变形、黏合、转弯等部位的处理有独到之处;其花色丰富,整体成型,并可反复打磨翻新。人造石材的抗污力强,这是因为其表面没有孔隙,油污、水渍不易渗入其中,一般性的污渍用湿布或清洁剂即可擦去;可任意长度无缝黏结,同材质的胶黏剂将两块石材黏结后打磨,浑然一体,接缝处毫无痕迹。

（四）装饰陶瓷

陶瓷，或称烧土制品。它是指以黏土为主要原料，经成型、焙烧而成的材料。在建筑装饰工程中，陶瓷是最古老的装饰材料之一。随着现代科学技术的发展，陶瓷在花色、品种、性能等方面都有了巨大的变化，为现代建筑装饰装修工程带来了越来越多兼具实用性和装饰性的材料。

在现代建筑装饰陶瓷中，应用最多的是釉面砖、地砖和锦砖。它们的品种和色彩多达数百种，而且还在不断涌现新的品种。如日本的浮雕面砖、德国的吸音面砖、澳大利亚的轻质发泡面砖、我国的结晶面砖等。

装饰陶瓷强度高、耐火、耐久、耐酸碱腐蚀、耐水、耐磨、易于清洗、不退色、花色品种多，加之生产简单，施工进度快、工期短，造价适中，因此广泛用于墙面与地面的装饰。其缺点是保温性差、弹性差。

1. 装饰陶瓷的品种

从产品种类分，陶瓷可以分为陶器与瓷器两大类。陶器通常有较大的吸水率（大于10%），断面粗糙无光，不透明，敲之声音粗哑，可施釉或不施釉。瓷器坯体致密，基本上不吸水，强度高，耐磨，半透明，通常施釉。另外还有一类产品介于陶器与瓷器之间，称为炻器，也称半瓷。炻器与陶器的区别在于陶器坯体是多孔的，而炻器坯体孔隙率很低；而它与瓷器的主要区别是炻器多数带有颜色且无半透明性。

陶器分为粗陶和精陶两种。粗陶的坯体一般由含杂质较多的砂黏土制成，工艺较粗糙，建筑上常用的砖、瓦及陶管等均属于这一类产品。精陶指坯体呈白色或象牙色的多孔制品，多以塑性黏土、高岭土、长石和石英等为原料。精陶通常要经素烧和釉烧两次烧成。建筑上常用的釉面砖就属于精陶。

炻器按其坯体的细密性、均匀程度及粗糙程度分为粗炻器和细炻器两大类。建筑装饰用的外墙砖、地砖以及耐酸化工陶瓷等均属于粗炻器。日用炻器及陈设品，如我国著名的宜兴紫砂陶即是一种无釉细炻器。炻器的机械强度和热稳定性均优于瓷器，且成本较低。

陶瓷制品按结构与性能分类，可分为粗陶，如日用缸、砖、瓦、日用器皿等；精陶，如彩陶、装饰釉面砖缸器、外墙砖、锦砖、地砖、日用器皿等；炻器，如日用餐茶具、陈设瓷等；瓷器，如电瓷、美术用品金属陶瓷、刚玉瓷、碳化物瓷、硅化物瓷等；特种瓷。

特种瓷中，又有电子陶瓷和金属陶瓷之分。电子陶瓷有导电性及电光性等特性，常用于电子元器件等，如热敏、湿敏、压敏元件；金属陶瓷有硬度大、韧度高等特性，常用于耐磨、耐高温及抗氧化材料，如火箭发动机喷嘴。

陶瓷制品按功能分类，分为卫生陶瓷，如洁具、便器；釉面砖墙，如容器白色或装饰釉面砖、瓷砖面、瓷砖字；地砖，如地面瓷砖；园林陶瓷，如陶瓷锦砖（马赛克）、盆景；古建筑陶瓷，如花瓶琉璃瓦、琉璃装饰、琉璃制品。

陶瓷坯体表面粗糙，易玷污，装饰效果差。除紫砂地砖等产品外，大多数陶瓷制品都需要进行表面装饰加工。最常见的陶瓷表面装饰工艺为施釉面层、彩绘、饰金等。釉的种类繁多，组成也很复杂，按其外表特征分类有透明釉、乳浊釉、有色釉、光亮釉、无光釉、结晶釉、砂金釉、光泽釉、碎纹釉、珠光釉、花釉、流动釉等。

2. 常用的装饰陶瓷

装饰陶瓷是用于建筑物墙面、地面及卫生设备的陶瓷材料。主要产品分为陶瓷面砖、卫生陶瓷、大型陶瓷饰面板、装饰琉璃制品等。

陶瓷面砖又包括外墙面砖、内墙面砖（釉面砖）和地砖，如图0-3所示。

卫生陶瓷是以磨细的石英粉、长石粉和黏土为主要原料，注浆成型后一次烧制，然后表面施乳浊釉的卫生洁具。它具有结构致密、气孔率小、强度大、吸水率小、抗无机酸腐蚀（氢氟酸除外）、热稳定性好等特点，可分为洗面器、大便器、小便器、洗涤器、水箱、返水弯和小型零件等。产品有白色和彩色两种，可用于厨房、卫生间、实

图 0-3　各种陶瓷面砖

验室等。

大型陶瓷饰面板是一种大面积的装饰陶瓷制品，它克服了釉面砖及墙地砖面积小、施工中拼接麻烦的缺点，装饰更逼真，施工效率更高，是一种有发展前途的新型装饰陶瓷。

装饰琉璃制品是一种低温彩釉建筑陶瓷制品，既可用于屋面、屋檐和墙面装饰，又可作为建筑构件使用。它主要包括琉璃瓦(板瓦、筒瓦、沟头瓦等)、琉璃砖(用于照壁、牌楼、古塔等贴面装饰)、建筑琉璃构件等。装饰琉璃制品具有浓厚的民族艺术特色，融装饰与结构件于一体，集釉质美、釉色美和造型美于一身。

此外，装饰陶瓷还有用于陈设的各种陶质工艺品，如紫砂制品，以及各种瓷质工艺品，如景德镇陶瓷等。

3. 装饰陶瓷的发展趋势

装饰陶瓷以其独特的装饰效果越来越受到世界各地人们的喜爱，据调查显示，今后国际市场陶瓷面砖将流行以下"五化"。

(1) 色彩趋深化　已流行的白色、米色、灰色和土色仍有一定的市场，但桃红、深蓝及墨绿等色将后来居上。

(2) 形状多样化　圆形、十字形、长方形、椭圆形、六角形和五角形等形状的销量将逐渐增大。

(3) 规格大型化　边长 400 mm 以上的大规格瓷砖将愈来愈时兴，以取代原来的小块瓷砖。

(4) 观感高雅化　高格调、雅致、质感好的瓷砖正成为国内外市场的新潮流。

(5) 釉面多元化　地面砖釉面以雾面、半雾面、半光面和全光面为多；壁画则以亮面为主。

(五)装饰玻璃

玻璃是现代室内装饰的主要材料之一。随着现代建筑发展的需要和玻璃制作技术的飞跃进步，玻璃正在向多品种多功能方面发展。例如，其制品由过去单纯用于满足采光和装饰功能需要，逐渐向着控制光线、调节热量、节约能源、控制噪声、降低建筑物自重、改善建筑环境、提高建筑艺术等多种功能发展。具有高度装饰性和多种适用性的玻璃新品种不断出现，为室内装饰装修提供了更大的选择性。

1. 装饰玻璃的特性

玻璃是传热系数较低的材料，有较高的化学稳定性，它可以抵抗除氢氟酸以外所有酸类的侵蚀，但是硅酸盐玻璃一般不耐碱。玻璃如果遭受侵蚀性介质腐蚀，也能导致其变质和被破坏。通过改变玻璃的化学成分，或对玻璃进行热处理及表面处理，可以提高玻璃的化学稳定性。

在物理性质中，脆性是玻璃的主要缺点。而光学性质是玻璃最重要的物理性质。光线照射到玻璃表面可以产生透射、反射和吸收三种情况。光线透过玻璃称为透射；光线被玻璃阻挡，按一定角度反射出来称为反射；光线通过玻璃后，一部分光能量消耗在玻璃内部，降低了亮度和热度，称为吸收。

2. 装饰玻璃的品种

装饰玻璃的品种很多，可以按化学组成、制品结构与性能来分类。

1）按玻璃的化学组成分类

（1）钠玻璃　钠玻璃主要由氧化硅、氧化钠、氧化钙组成，又名钠钙玻璃或普通玻璃，因含有铁杂质而使制品带有浅绿色。钠玻璃的力学性能、热性能、光学性能及热稳定性较差，一般用于制造普通玻璃和日用玻璃制品。

（2）钾玻璃　钾玻璃是以氧化钾代替钠玻璃中的部分氧化钠，并适当提高玻璃中氧化硅含量。它硬度较大，光泽好，又称做硬玻璃。钾玻璃多用于制造化学仪器、用具和高级玻璃制品。

（3）铝镁玻璃　铝镁玻璃是以部分氧化镁和氧化铝代替钠玻璃中的部分碱金属氧化物、碱土金属氧化物及氧化硅。它的力学性能、光学性能和化学稳定性都有所改善，多用来制造高级建筑玻璃。

（4）铅玻璃　铅玻璃又称铅钾玻璃、重玻璃或晶质玻璃。它是由氧化铅、氧化钾和少量氧化硅组成的。这种玻璃透明性好，质软，易加工，光折射率和反射率较高，化学稳定性好，因此，主要用于制造光学仪器、高级器皿和装饰品等。

（5）硼硅玻璃　硼硅玻璃又称耐热玻璃，它是由氧化硼、氧化硅及少量氧化镁组成的。它有较好的光泽和透明性，力学性能较强，耐热性、绝缘性和化学稳定性好，一般用来制造高级化学仪器和绝缘材料。

（6）石英玻璃　石英玻璃是由纯净的氧化硅制成的，具有很高的力学性能，其热学性能、光学性能、化学稳定性也很好，并能透过紫外线，多用来制造高温仪器灯具、杀菌灯等特殊制品。

2）按制品结构与性能分类

（1）平板玻璃　平板玻璃主要有普通平板玻璃、钢化玻璃、表面加工平板玻璃（包括磨光玻璃、磨砂玻璃、喷砂玻璃、磨花玻璃、压花玻璃、冰花玻璃、蚀刻玻璃等）、掺入特殊成分的平板玻璃（包括彩色玻璃、吸热玻璃、光致变色玻璃、太阳能玻璃等）、夹物平板玻璃（包括夹丝玻璃、夹层玻璃、电热玻璃等）、覆层平板玻璃（包括普通镜面玻璃、镀膜热反射玻璃、镭射玻璃、釉面玻璃、涂层玻璃、覆膜（覆玻璃贴膜）玻璃等）。

（2）玻璃制成品　玻璃制成品主要有以下几种分类：平板玻璃制品，包括中空玻璃、玻璃磨花、雕花、彩绘、弯制等制品及幕墙、门窗制品；不透明玻璃制品和异型玻璃制品，包括玻璃锦砖（马赛克）、玻璃实心砖、玻璃空心砖、水晶玻璃制品、玻璃微珠制品、玻璃雕塑、玻璃茶几、玻璃洗手盆等；玻璃隔热、吸声材料，包括泡沫玻璃和玻璃纤维制品等，如图 0-4 所示。

（3）玻璃工艺品　玻璃工艺品通常具有透明率高、无污染、时尚性强、造型丰富、应用广泛、彩绘工艺精湛、产品美观别致等特点。如常见的玻璃花瓶、玻璃花篮、玻璃工艺品、玻璃烟灰缸、玻璃笔筒、玻璃烛台、玻璃纸巾架等，如图 0-5 所示。

图 0-4　各种玻璃制成品

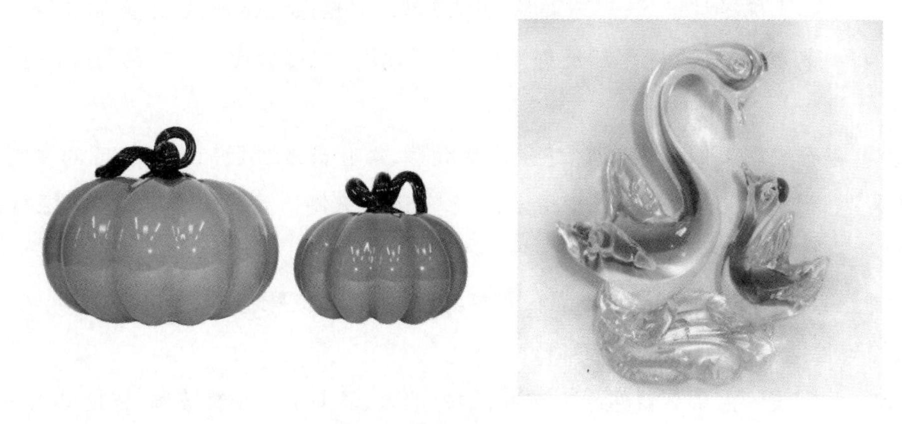

图 0-5　玻璃工艺品示例

3. 常用的建筑玻璃

1) 平板玻璃

平板玻璃包括拉引法生产的普通平板玻璃和浮法玻璃。由于浮法玻璃比普通平板玻璃具有更好的性能，因此，这里仅介绍浮法玻璃的有关内容。

浮法玻璃按厚度分为 3 mm、4 mm、5 mm、6 mm、8 mm、10 mm、12 mm 七类，按等级分为优等品、一级品和合格品三等。浮法玻璃主要用作汽车、火车、船舶的门窗风挡玻璃，建筑物的门窗玻璃，制镜玻璃以及玻璃深加工原片。

2) 钢化玻璃

钢化玻璃是将玻璃加热到接近玻璃软化点的温度(600～650 ℃)时喷射压缩空气，使其表面迅速冷却或用化学方法钢化处理所得的玻璃深加工制品。它具有良好的力学性能和耐热冲击性能，又称为强化玻璃。

玻璃经钢化处理后表面产生了均匀的压应力，它的强度是经过良好退火处理的普通玻璃的3～10倍，其抗冲击性能也大大提高。钢化玻璃破碎时出现网状裂纹，或产生细小碎粒，不会伤人，故又称安全玻璃。钢化玻璃的耐热冲击性能很好，最大的安全工作温度为287.78 ℃，并能承受204.44 ℃的温差，故可用来制造高温炉门上的观测窗、辐射式气体加热器和干燥器等。

由于钢化玻璃具有较好的性能，所以，它在汽车工业、建筑工程以及军工领域等行业得到了广泛应用，常用作高层建筑的门、窗、幕墙、屏蔽和商店橱窗、军舰与轮船舷窗及桌面玻璃等。

钢化玻璃有普通钢化玻璃、钢化吸热玻璃、磨光钢化玻璃等品种，目前在上海、沈阳、厦门等地均有生产。钢化玻璃制品有平面钢化玻璃、弯钢化玻璃、半钢化玻璃和区域钢化玻璃等。平面钢化玻璃主要用作建筑工程的门窗、隔墙与幕墙等；弯钢化玻璃主要用作汽车车窗玻璃；半钢化玻璃主要用作暖房、温室及隔墙等的玻璃窗；区域钢化玻璃主要用作汽车的风挡玻璃。

钢化玻璃不能切割、磨削，边角不能碰击，使用时需选择现成尺寸规格或提出具体设计图样加工定做。此外，钢化玻璃在使用过程中严禁溅上火花。否则，当其再经受风压或振动时，伤痕将会逐渐扩展，导致破碎。

3）夹层玻璃

夹层玻璃是指两片或多片平板玻璃之间嵌夹一层或多层有机聚合物膜片，经加热、加压，黏合而成的平面或弯曲的复合玻璃制品。夹层玻璃的抗冲击性能比普通平板玻璃高出几倍。夹层玻璃破碎时不裂成碎块，仅产生辐射状裂纹和少量玻璃碎屑，而且碎片仍粘贴在膜片上，不致伤人，因此夹层玻璃也属于安全玻璃。夹层玻璃的透光性好，如2 mm+2 mm夹层玻璃的透光率为82%。夹层玻璃还具有耐久、耐热、耐湿、耐寒等性质。

生产夹层玻璃的玻璃原片可以采用普通平板玻璃、浮法玻璃、钢化玻璃、彩色玻璃、吸热玻璃和热反射玻璃等。中间夹层常用的热塑性树脂薄片为聚乙烯醇缩丁醛(PVB)。

夹层玻璃的品种很多，有减薄夹层玻璃、遮阳夹层玻璃、电热夹层玻璃、防弹夹层玻璃、玻璃纤维增强夹层玻璃、报警夹层玻璃、防紫外线夹层玻璃、隔音夹层玻璃等。

夹层玻璃主要用作汽车和飞机的风挡玻璃，防弹玻璃，有特殊安全要求的建筑物的门窗、隔墙，工业厂房的天窗。此外，它还可用于某些水下工程。

4）中空玻璃

中空玻璃是由两层或两层以上的平板玻璃原片构成，四周用高强度气密性复合胶黏剂将玻璃及铝合金框与橡皮条、玻璃条黏结、密封，中间充入干燥气体，还可以涂上各种颜色或不同性能的薄膜，框内充以干燥剂，以保证玻璃原片间空气的干燥度。

玻璃原片可以采用普通平板玻璃、钢化玻璃、压花玻璃、热反射玻璃、吸热玻璃和夹丝玻璃等。其加工方法分为胶接法、焊接法和熔接法。

中空玻璃的主要功能是隔热吸声，所以又称为绝缘玻璃。而且其防结霜性能好，结霜温度比普通玻璃低15 ℃左右。普通玻璃的传热系数为中空玻璃的两倍以上。优质的中空玻璃寿命可达25年之久。

中空玻璃广泛应用于高级住宅、饭店、宾馆、办公楼、学校、医院、商店等需要室内空调的场合，也可以用于汽车、火车、轮船的门窗等处。

国外中空玻璃的应用较为普遍。美国在1990年就有90%的住宅使用了中空玻璃；一些欧洲国家还规定所有建筑物必须全部采用中空玻璃，禁止普通玻璃用作窗玻璃。近年来，随着人们对建筑节能重要性认识的提高，中空玻璃的应用在我国也受到了重视。

我国对建筑节能的规划要求是，到2015年全国城镇新建建筑执行不低于65%的建筑节能标准，4个直辖市和有条件的地区率先实施节能75%的标准。要实现这个要求,仅靠墙体和屋面节能的话,不仅投资大,而且见效慢,因此必须采用投资少、见效快的节能门窗。据专家估算,建筑使用能耗占建筑总能耗的80%~90%,而建筑门窗能耗约占建筑使用能耗的一半。因此,具有显著节能作用的中空玻璃在建筑领域具有广阔的应用前景。

5) 热反射玻璃

热反射玻璃是在平板玻璃表面涂覆金属或金属氧化物薄膜制成的。薄膜包括金、银、铜、铝、铬、镍、铁等金属及其氧化物。镀膜方法有热解法、真空溅射法、化学浸渍法、气相沉积法、电浮法等。它既具有较高的热反射能力,又保持了平板玻璃的透光性,具有良好的遮光性和隔热性。它用于建筑物的门窗及隔墙等处。

热反射玻璃在阳光强烈照射时能保证室内温度的稳定,并使光线柔和,改变建筑物内的色调,避免眩光,改善了室内的环境。镀金属膜的热反射玻璃还有单向透视作用,故可用作建筑物的幕墙或门窗,使整个建筑从外面看起来变成了一座闪闪发光的玻璃宫殿,映出周围景物的变幻,可谓千姿百态、美妙非凡。

热反射玻璃具有以下几种特性。

(1) 对太阳辐射的反射能力较强　普通平板玻璃的太阳辐射反射率为7%~10%,而热反射玻璃则高达25%~40%。

(2) 遮蔽系数小　热反射玻璃能有效阻止热辐射,有一定的隔热保温的效果。

(3) 具有单向透视性　它是指热反射玻璃在迎光的一面具有镜子的特性,而在背光的一面则具有普通玻璃的透明效果。白天,人们从室内透过热反射玻璃幕墙可以看到室外的景象,但在室外却看不见室内的景物,可起到类似于屏幕的遮挡作用。晚间的情况正好相反,由于室内光线的照明作用,在室内看不见玻璃幕墙外的事物,给人以不受外界干扰的舒适感,但对室内不宜公开的场所应用窗帘等加以遮蔽。

(4) 可见光透过率低　6 mm厚的热反射玻璃的可见光透过率比相同厚度的浮法玻璃要低75%以上,比吸热玻璃要低60%。

热反射玻璃在应用时要注意以下几点:一是在安装施工中要防止损伤膜层,电焊火花不得落到薄膜表面;二是要防止玻璃变形,以免引起影像的"畸变";三是注意消除玻璃反光可能造成的不良后果。

6) 吸热玻璃

既能保持较高的可见光透过率,又能吸收大量红外辐射的玻璃,称为吸热玻璃。

吸热玻璃的生产是在普通钠-钙硅酸盐玻璃中加入有着色作用的氧化物,如氧化铁、氧化镍、氧化钴以及氧化锡等,或在玻璃表面喷涂氧化锡、氧化钴、氧化铁等有色氧化物薄膜,使玻璃带色并具有较高的吸热性能。

吸热玻璃按颜色分为灰色、茶色、绿色、古铜色、金色、棕色和蓝色等;按成分分为硅酸盐吸热玻璃、磷酸盐吸热玻璃、光致变色玻璃和镀膜玻璃等。

吸热玻璃具有以下一些特性。

(1) 吸收太阳光辐射　如6 mm厚的蓝色吸热玻璃能挡住50%左右的太阳辐射能。

(2) 吸收可见光　如6 mm厚的普通玻璃可见光透过率为78%,而同样厚度的古铜色吸热玻璃仅为26%。吸热玻璃能使刺目的阳光变得柔和,起到防眩光作用。特别是在炎热的夏天,能有效地改善室内光照,使人感到舒适凉爽。

(3) 吸收太阳光紫外线　它能有效减轻紫外线对人体和室内物品的损害。室内物品,特别是有机材料,如塑料和家具油漆等,在紫外线作用下易老化及退色。

(4) 具有一定的透明度　透过吸热玻璃,能清晰地观察室外的景物。

(5) 玻璃色泽经久不变　目前,吸热玻璃已广泛用于建筑工程的门窗或外墙,以及车船的风挡玻璃等,起到采光、隔热、防眩光作用。吸热玻璃还可按不同的用途进行加工,制成磨光玻璃、钢化玻璃、夹层玻璃、镜面玻璃及中空玻璃等玻璃深加工制品。另外，无色磷酸盐吸热玻璃能大量吸收红外线辐射能，可用于电影拷贝和放映，以及彩色印刷等。

7）玻璃马赛克

马赛克又称锦砖，其名称源于拉丁文，英文为 mosaic。历史上，马赛克泛指镶嵌艺术作品，后来指由不同色彩的小块镶嵌而成的平面装饰。马赛克分陶瓷马赛克和玻璃马赛克。

玻璃马赛克是将长度不超过 45 mm 的各种颜色和形状的玻璃质小块铺贴在纸上而制成的一种装饰材料。其单块产品断面呈楔形，背面有锯齿状或阶梯状的沟纹，以便粘贴牢固。它与陶瓷马赛克的主要区别是：陶瓷马赛克是由陶瓷生产工艺生产出来的一种马赛克，而玻璃马赛克则是玻璃质结构，呈乳浊状或半乳浊状，内含少量气泡和未熔颗粒；玻璃马赛克比陶瓷马赛克色泽鲜艳。

玻璃马赛克具有如下几个特点。

（1）色泽绚丽多彩，典雅美观。玻璃马赛克是“赤、橙、黄、绿、青、蓝、紫”诸色彩兼备，用户可根据不同的需要进行选择。特别是近年来生产的金星玻璃马赛克产品，除了具有普通马赛克的特点外，还能随外界光线的变化映出不同的色彩，恰似金星闪烁、璀璨耀眼。不同色彩图案的玻璃马赛克可以组合拼装成各色壁画，装饰效果十分理想。

（2）质地坚硬，性能稳定，具有耐热、耐寒、耐候、耐酸碱等性能。由于玻璃马赛克的断面比普通陶瓷马赛克有所改进，吃灰深，黏结较好，不易脱落，耐久性较好。因而不积尘，遇到雨天自然洗涤，经久常新。

（3）价格较低。

（4）施工方便，减少了材料堆放，减轻了工人的劳动强度，施工效率提高。

玻璃马赛克适用于宾馆、医院、办公楼、礼堂、住宅等建筑的外墙装饰。其式样如图 0-6 所示。

图 0-6　玻璃马赛克示例

8) 其他品种玻璃

(1) 磨砂玻璃　磨砂玻璃又称为毛玻璃,它是将平板玻璃的表面经机械喷砂、手工研磨或用氢氟酸溶蚀等方法处理成均匀毛面而成。由于其表面粗糙,只能透光而不能透视,多用于需要隐秘或不受干扰的房间,如浴室、卫生间和办公室的门窗等,也可用作黑板。

(2) 压花玻璃　压花玻璃又称为滚花玻璃,是在平板玻璃硬化前用带有花样图案的滚筒压制而成的。由于压花玻璃表面凹凸不平,故具有不规则的折射光线的特点,它可将集中光线分散,使室内光线柔和,且有一定的装饰效果。常用于办公室、会议室、浴室和公共场所的门窗,以及各种室内隔断。

(3) 夹丝玻璃　将编织好的钢丝网压入已软化的玻璃,即制成夹丝玻璃。这种玻璃的抗折强度高,抗冲击能力和耐温度剧变的性能比普通玻璃好。破碎时其碎片附着在钢丝上,不致飞出伤人。夹丝玻璃适用于公共建筑的走廊、防火门、楼梯、厂房天窗及各种采光屋顶等。

(4) 光致变色玻璃　在玻璃中加入卤化银,或在玻璃与其有机夹层中加入铝和钨的感光化合物,就能使玻璃获得光致变色性。光致变色玻璃受太阳或其他光线照射时,其颜色随着光线的增强而逐渐变暗,照射消失时又恢复原来的颜色。目前,光致变色玻璃的应用已从眼镜片开始向交通、医学、摄影、通信和建筑领域发展。

(5) 泡沫玻璃　泡沫玻璃是以玻璃碎屑为原料,加少量发气剂,经发泡炉发泡后脱模退火而成的一种多孔轻质玻璃。其孔隙率为80%～90%,气孔多为封闭型的,孔径一般为0.1～5.0 mm。其特点是传热系数低,机械强度较高,表观密度小于160 kg/m³,不透水、不透气,能防火,抗冻性强,隔声性能好,可锯、钉、钻,是良好的隔热材料。它可用于墙壁、屋面保温,或用于音乐室、播音室的隔声等。

(6) 镭射玻璃　镭射(以英文laser的音译命名)玻璃是国际上十分流行的一种新型建筑装饰材料。它通常是以平板玻璃为基材,采用高稳定性的结构材料,经特殊工艺处理,从而在玻璃上构成全息光栅或其他图形的几何光栅,同一块玻璃上可形成上百种光栅图案。镭射玻璃的特点在于,当它处于任何光源照射下时,都将因衍射作用而产生色彩的变化;而且对于同一受光点或受光面而言,随着入射光角度及人的视角的不同,所产生的光的色彩及图案也将不同。五光十色的变幻给人以神奇、华贵和迷人的感受,其装饰效果是其他材料所无法比拟的。

镭射玻璃主要可分为两类:一类是以普通平板玻璃为基材制成的,主要用于墙面、窗户和顶棚等部位的装饰;另一类是以钢化玻璃为基材制成的,主要用于地面装饰。此外,还有专门用于柱面装饰的曲面镭射玻璃,专门用于大面积幕墙的夹层镭射玻璃以及镭射玻璃砖等。

镭射玻璃的技术指标十分优良:镭射钢化玻璃地砖的抗冲击、耐磨、硬度等性能均优于大理石,与花岗石相近;镭射玻璃的耐老化寿命是塑料的10倍以上,在正常使用情况下,其寿命大于50年;镭射玻璃的反射率可在10%～90%的范围内任意调整,因此可最大限度地满足用户的要求。

目前国内生产的镭射玻璃的最大尺寸为1 000 mm×2 000 mm,在最大尺寸以下范围内有多种规格的产品可供选择。镭射玻璃是用于宾馆、饭店、电影院等文化娱乐场所以及商业设施装饰的理想材料,也适用于民用住宅的顶棚、地面、墙面及封闭阳台等的装饰。此外,它还可用于制作家具、灯饰及其他装饰性物品。

(7) 玻璃砖　玻璃砖又称特厚玻璃,分为实心砖和空心砖两种。实心玻璃砖是将熔融玻璃采用机械模压方式制成的矩形块状制品。空心玻璃砖是由箱式模具压成凹形半块玻璃砖,然后再将两块凹形砖熔结或粘接而成的方形或矩形整体空心制品。砖内外可以压铸出各种条纹。空心砖按内部结构可分为单空腔和双空腔两类,后者在空腔中间有一道玻璃肋。玻璃空心砖有115 mm、145 mm、240 mm、300 mm等规格,可以用彩色玻璃制作,也可以在其内腔用透明涂料涂饰。空心玻璃砖的容重较低,为800 kg/m³;热导率较低,为0.46 W/(m·K);有足够的透光率(50%～60%)和散射率(25%)。其内腔制成不同花纹可以使外来光线扩散或使光线向指定方向折射，具有特殊的光学特性。玻璃砖可用于建造透光隔墙、淋浴室隔断、楼梯间、门厅、通道等和需要控制透光、眩光和阳光直射的场合。

9）装饰玻璃纤维制品

玻璃纤维一般指将制造玻璃的原料经高温熔化后，用特殊机具拉制，或者用压缩空气或高压蒸汽喷吹及离心成型等方法制成的玻璃态纤维或丝状物。

玻璃纤维的品种很多，其化学成分、生产方法、形态、性能与用途也各不相同，因此也就有不同的分类法。根据纤维形态和长度大体可分为三大类：连续玻璃纤维或称纺织玻璃纤维，定长玻璃纤维或称玻璃长棉，以及玻璃棉。

玻璃纤维具有容重小、传热系数低、吸声性好、过滤效率高、不燃烧、耐腐蚀等优良性能，用其长纤维可织成玻璃纤维贴墙布，玻璃纤维贴墙布经树脂黏结热压后可制成玻璃钢装饰板，玻璃棉经热压加工可制成玻璃棉装饰板。

（1）玻璃纤维贴墙布　玻璃纤维贴墙布是以中碱玻璃纤维布为基材，表面涂以耐磨树脂，印上彩色图案而成的。其色彩鲜艳，花样繁多，是一种优良饰面材料。在室内使用时，它具有不退色、不老化、耐腐蚀、不燃烧、不吸湿等优良特性，而且易于施工、可刷洗，适用于建筑、车船等的内墙面、顶棚、梁柱等贴面装饰。玻璃纤维贴墙布粘贴于墙面上，在保持室温不高于 15 ℃，相对湿度不大于 9%RH 的情况下，经 24 h 后，其吸湿率不大于 0.5%。玻璃纤维贴墙布在 1%的肥皂水中煮沸不退色，其在水泥墙、石灰墙、油漆墙、乳胶漆墙、石膏板墙及层压板墙上均可直接粘贴。

（2）玻璃棉装饰吸声板　玻璃棉装饰吸声板是以玻璃棉为主要原料，加入适量的胶黏剂、防潮剂、防腐剂等，再经热压成型加工而成的板材。玻璃棉装饰吸声板具有质轻、吸声、防火、隔热、保温、美观大方、施工方便等特点。它适用于影剧院、会堂、音乐厅、播音室、录音室等场所可以控制和调整室内的混响时间，消除回声，改善室内音质，提高语音清晰度。此外，玻璃棉装饰吸声板还适用于旅馆、医院、办公室、会议室、商场及其他喧闹场所，如工厂车间、仪表控制间、机房等，它可以降低室内噪声等级、改善生活环境与劳动条件。同时，它也起到了室内装饰的作用。

（3）玻璃钢装饰板　玻璃钢是玻璃纤维增强塑料的俗称，它是以玻璃纤维及其制品为增强材料，以合成树脂为胶黏剂，经一定的成型方法制作而成的一种新型材料。它集中了玻璃纤维及合成树脂的优点，具有质量小、强度高、热性能好、电性能优良、耐腐蚀、抗磁、成型制造方便等优良特性。它的强度接近钢材，因此，人们常把它称为玻璃钢。

玻璃钢装饰板是以玻璃纤维贴墙布为增强材料，以不饱和聚酯树脂为胶黏剂，在固化剂、催化剂的作用下加工而成的装饰板材。

玻璃钢装饰板色彩多样、美观大方、漆膜光亮、硬度高、耐磨、耐酸碱、耐高温，是一种优良的室内装饰材料。它适用于粘贴在各种基层、板材表面上用作建筑装饰和家具装饰。

（六）装饰涂料

涂敷于物体表面，能干结成膜，具有保护、装饰、防蚀、防水或其他特殊功能的物质称为涂料。由于其施工方便，维修维护容易，颜色丰富、细腻、调和，图案繁多，耐碱性、耐水性、耐粉化性良好，透气性好，且价格合理，因此装饰涂料在室内外装修中扮演着极其重要的角色。

装饰涂料与其他饰面材料相比，具有质量小、色彩鲜明、附着力强、施工简便、省工省料、维修方便、质感丰富、价廉质好、耐水、耐污染、耐老化等特点。厚质涂料经喷涂、滚花、拉毛等工序可获得不同质感的花纹；而薄质涂料则质感更细腻，更省料。

1. 装饰涂料的组成

涂料最早是以天然植物油脂、天然树脂为主要原料，如亚麻子油、桐油、松香、生漆等，故以前称之为油漆。目前，许多新型涂料已不再使用植物油脂，而合成树脂在很大程度上已经取代了天然树脂。因此，我国已正式采用涂料这个名称，而油漆仅仅是其中的一类油性涂料。按涂料中各组分所起的作用，可将涂料的组成分为主要成膜物质、次要成膜物质和辅助成膜物质。

1）主要成膜物质

主要成膜物质也称胶黏剂或固着剂，其作用是将涂料中的其他组分黏结成一体，并使涂料附着在被涂基层的表面形成坚韧的保护膜。主要成膜物质一般为高分子化合物或成膜后能形成高分子化合物的有机物质，如合成树脂、天然树脂以及动植物油等。

(1) 油料　在涂料工业中，油料(主要为植物油)是一种主要的原料，用来制造各种油类加工产品，如清漆、色漆、油改性合成树脂等，以及作为增塑剂使用。在目前的涂料生产中，含有植物油的品种仍占较大比重。涂料工业中应用的油料分为干性油、半干性油和不干性油三类。

(2) 树脂　涂料用树脂有天然树脂、人造树脂和合成树脂三类。天然树脂是指天然材料经处理制成的树脂，主要有松香、虫胶和沥青等；人造树脂是由有机高分子化合物经加工而制成的树脂，如松香甘油酯(酯胶)、硝化纤维等；合成树脂是由单体经聚合或缩聚而制得的树脂，如醇酸树脂、氨基树脂、丙烯酸酯、环氧树脂、聚氨酯等。其中合成树脂涂料是现代涂料工业中产量最大、品种最多、应用最广的涂料。

2）次要成膜物质

次要成膜物质的主要组分是颜料和填料，它不能离开主要成膜物质而单独构成涂膜。

(1) 颜料　颜料是一种不溶于水、溶剂或涂料基料的微细粉末状的有色物质，它能均匀地分散在涂料介质中，涂于物体表面形成色层。颜料在建筑涂料中不仅能使涂层具有一定的遮盖能力、增加涂层色彩，而且还能增强涂膜本身的强度。颜料还有阻止紫外线穿透的作用，从而可以提高涂层的耐老化性及耐候性。颜料的品种很多，按它们的化学组成，可分为有机颜料和无机颜料；按它们的来源，可分为天然颜料和合成颜料；按它们所起的作用，可分为白色颜料和着色颜料等。

(2) 填料　填料又称为体质颜料，它们不具有遮盖力和着色力。这类产品大部分是天然产品和工业上的副产品，价格便宜。在建筑涂料中常用的填料有粉料和粒料两大类。

3）辅助成膜物质

(1) 溶剂和水　溶剂和水是液态建筑涂料的主要成分，涂料涂刷到基层上后，溶剂和水蒸发，涂料逐渐干燥硬化，最终形成均匀、连续的涂膜。溶剂和水最后并不留在涂膜中，因此称为辅助成膜物质。溶剂和水与涂膜的形成及涂料的质量、成本等有密切的关系。为配制溶剂型合成树脂涂料选择有机溶剂时，首先应考虑有机溶剂对基料树脂的溶解力，此外还应考虑有机溶剂本身的挥发性、易燃性和毒性等对配制涂料的适应性。

(2) 助剂　建筑涂料使用的助剂品种繁多，常用的有以下几种类型：催干剂、固化剂、催化剂、引发剂、增塑剂、紫外线吸收剂、抗氧剂、防老剂等。某些功能性涂料还需采用具有特殊功能的助剂，如防火涂料用难燃助剂，膨胀型防火涂料用发泡剂等。

2. 装饰涂料的品种

据统计，我国的涂料已有100余种。最常用的涂料根据其施工部位的不同可以分为墙面涂料、木器涂料和金属涂料。木器涂料主要有硝基漆、聚氨酯漆等；金属涂料主要是指磁漆。

根据主要成膜物质的化学成分不同，涂料可分为有机涂料、无机涂料和复合涂料。其中有机涂料又分为溶剂型、无溶剂型、水溶型和水乳胶型，水溶型和水乳胶型统称为水性涂料。

根据涂膜光泽的强弱，涂料可分为无光、半光（或称平光）和有光涂料等品种。

按形成涂膜的质感不同，涂料可分为薄质涂料、厚质涂料和粒状涂料三种。

按照施工部位和使用功能的不同，涂料可以分为内墙涂料、外墙涂料和地面涂料。

根据装饰质感的不同，建筑涂料可划分为薄质涂料、厚质涂料和复层涂料等几类。

按涂料的使用部位分类，则可把涂料分为外墙涂料、内墙涂料及地面涂料。外墙涂料的特点是：装饰性好，耐水性、耐玷污性、耐气候性好，施工及维修方便，价格合理。外墙涂料主要有溶剂型涂料、乳液型涂料、无机高分子涂料等。通常乳液型外墙涂料可作为内墙装饰使用。内墙涂料将在项目二具体讲解。

目前应用较广泛的还有特种涂料。特种涂料对被涂物不仅具有保护和装饰的作用，而且有其特殊作用。例如，对蚊、蝇等害虫有速杀作用的卫生涂料，具有阻止霉菌生长作用的防霉涂料，能消除静电作用的防静电涂料，能在夜间发光起指示作用的发光涂料等。这些特种涂料在我国才问世不久，品种较少，但其独特的功能打开了建筑涂料的新天地，表现了建筑涂料工业无限的生命力。以下为几种常见的特种涂料。

1）防火涂料

防火涂料可以有效地延长可燃材料（如木材）的引燃时间，阻止非可燃材料（如钢材）因表面温度升高而引起强度急剧丧失，阻止或延缓火焰的蔓延和扩展，使人们争取到灭火和疏散的宝贵时间。

根据防火原理，防火涂料可分为非膨胀型防火涂料和膨胀型防火涂料两种。非膨胀型防火涂料是由不燃性或难燃性合成树脂、阻燃剂和防火填料组成的，其涂层不易燃烧。膨胀型防火涂料是在上述配方基础上加入成碳剂、脱水成碳催化剂、发泡剂等成分而制成的。在高温和火焰作用下，这些成分迅速膨胀，形成比原涂料厚几十倍的泡沫状碳化层，从而阻止高温对基材的传导作用，使基材表面温度降低。

防火涂料可用于钢材、木材、混凝土等材料，常用的阻燃剂有含磷化合物和卤系化合物等，如氯化石蜡、十溴二苯醚、磷酸三氯乙醛酯等。

2）发光涂料

发光涂料是指在夜间能发光的一类涂料，一般有两种：蓄发性发光涂料和自发性发光涂料。

蓄发性发光涂料由成膜物质、填充剂和荧光颜料等组成，它之所以能发光，就是因为含有荧光颜料的缘故。当荧光颜料（主要是硫化锌等无机氧料）的分子受光的照射后，它会被激发，释放出能量，使涂料在夜间或白昼都能发光，明显可见。

自发性发光涂料除了蓄发性发光涂料的组成外，还加有极少量的放射性元素。当荧光颜料的照射光消失后，受放射性元素放出的射线的刺激，涂料会继续发光。

发光涂料具有耐气候、耐油、透明、抗老化等优点。它适用于桥梁、隧道、机场、工厂、剧院、礼堂的太平门标志，广告招牌和交通指示牌，及门窗把手、钥匙孔、电灯开关等需要发出各种色彩和明亮反光的场合。

3）防水涂料

防水涂料广泛应用于地下工程、卫生间、厨房等场合。早期的防水涂料以熔融沥青及其他沥青加工类产物为主，现在仍在广泛使用。近年来以各种合成树脂为原料的防水涂料逐渐发展，按其结构状态，它们可分为溶剂型、乳液型和反应固化型防水涂料三类。

溶剂型防水涂料是以各种高分子合成树脂溶于溶剂中而制成的防水涂料，它能快速干燥，可低温操作施工。常用的树脂种类有氯丁橡胶沥青、丁基橡胶沥青、SBS 改性沥青及再生橡胶改性沥青等。

乳液型防水涂料是应用最多的涂料，它以水为稀释剂，有效降低了施工污染、毒性和易燃性。其主要品种有改性沥青系（各种橡胶改性沥青）防水涂料、氯偏共聚乳液防水涂料、丙烯酸乳液防水涂料、改性煤焦油防水涂料、涤纶防水涂料和膨润土沥青防水涂料等。

反应固化型防水涂料是以化学反应型合成树脂(如聚氨酯、环氧树脂等)配以专用固化剂制成的双组分涂料,是具有优异防水性、防变形性和耐老化性能的高档防水涂料。

4)防霉涂料及防虫涂料

在我国南方春夏季节,以及各地建筑物的地下室、卫生间等潮湿场所,在霉菌作用下,木材、纸张、皮革等有机高分子材料的基材会发霉,有些涂层也会发霉,在涂膜表面生成斑点或凸起,严重时产生穿孔和针眼。底层霉变逐渐向中间和表层发展,会破坏整个涂层,直至将其粉末化。

防霉涂料以不易发霉材料为主要成膜物质,加入两种或两种以上的防霉剂(多数为专用杀菌剂)制成。涂层中含有一定量的防霉剂就可以达到预期防霉效果。它适用于食品厂、卷烟厂、酒厂及地下室等易产生霉变的内墙墙面。

防虫涂料是在以合成树脂为主要成膜物质的基料中,加入各种专用杀虫剂、驱虫剂制成的功能性涂料。它具有良好的装饰效果,对蚊、蝇、蟑螂等害虫有速杀和驱除功能,适用于城乡住宅、部队营房、医院、宾馆等的居室、厨房、卫生间、食品储藏室等处。

(七)无机矿物制品

无机矿物制品是指用水泥、石灰、石膏、菱苦土、珍珠岩、矿棉、岩棉、石棉及其他矿物材料为主要原料制成的产品。无机矿物制品是建筑工程中应用最早和最多的材料,尤其是水泥和石灰,是现代建筑工程不可缺少的原料。利用无机矿物原料生产的室内装饰制品主要为各种形式的板材,如石膏装饰板、矿棉装饰吸音板、珍珠岩装饰吸音板、石膏装饰品等。

无机矿物制品的特点是造价低、原料来源广,以及防火、防水、防潮、隔热、吸音等性能较好,同时生产工艺简单,因此国内外无机矿物装饰材料的发展很快,产量很高,新的品种也在不断出现。

水泥是室内装修必需的材料。地面、墙面的平整需要它,瓷砖、马赛克的铺设也需要它。装饰用水泥有多种,最常用的是普通硅酸盐水泥,此外也需要准备一些白色硅酸盐水泥(白水泥)和彩色硅酸盐水泥(彩色水泥)。白水泥主要用于铺贴瓷砖和镶嵌拼缝,保持地面色彩的一致,白水泥色泽洁白,可配置各种色浆与彩色涂料。彩色水泥主要供配色浆使用。

使用水泥一定要注意标号,标号表明水泥的强度。标号越大,抗压、抗拉强度越好。室内装修水泥一般选用 325 号即可。白水泥标号有 325、425 号。

水泥容易受潮结块,导致无法使用,因此装修居室时,应先买其他装修材料,最后再买水泥,买后应立即动手装修。水泥要注意防潮保存。

水泥每包 50 kg,其用量为:15 m^2 的单间需用 5～6 包;24 m^2 的一室半户型用 8～9 包;32 m^2 的两室一厅用 10～11 包;41 m^2 的三室一厅用 13～14 包。

黄沙就是河沙,装修中普遍使用黄沙。除此之外,依照使用优劣次序还有江沙、山沙、湖沙和海沙。装修工程中尽量不要使用海沙,这主要是因为其含泥量过高,稳定性有待考究。

黄沙在混凝土或砂浆中俗称细骨料,粒径为 0.15～5 mm。根据沙子的粒径,可分为粗砂、中砂和细砂,用于砌石砂浆或混凝土的可用 4～5 mm 的粗砂,用于砌砖砂浆的用小于 2.5 mm 的中砂,用于粉面或勾缝宜采用细砂。装修中建议少用细砂,因为细砂容易出现裂纹。

1. 无机矿物制品的品种

用于室内装饰制品的无机矿物原料按其作用可分为两大类:矿物胶结材料和矿物声热材料。矿物胶结材料可将制品胶结成整体，矿物声热材料用于改善制品的热学性能与声学性能。矿物胶结材料根据硬化条件又有水硬性和气硬性之分。气硬性胶结材料只能在空气中硬化，在空气中能长久保持强度或继续提高强度，如石灰、石膏等。水硬性胶结材料不仅能在空气中，而且能在水中硬化，且能保持并继续提高其强度，如各种水泥。

矿物装饰制品的分类比较复杂，制品的原料、结构、功能、工艺等方面互相组合或交叉，单一按某方面分类较困难。矿物装饰制品大部分以石膏胶结材料制成，可粗略分为石膏装饰板、装饰隔热吸声板、复合装饰板三大类。石膏装饰板是以装饰性为主的石膏板材；装饰隔热吸声板是兼具吸声与隔热性能的装饰板材；复合装饰板是由多种材料混合制成的装饰板材。石膏装饰材料见图 0-7 所示。

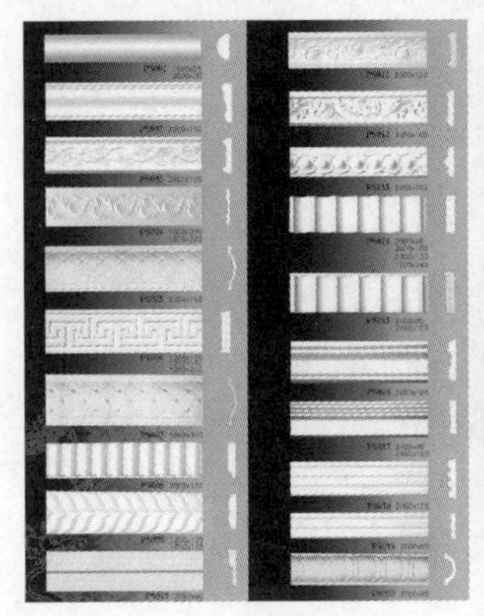

图 0-7 石膏装饰材料

装饰工程中还有许多结构性板材，这些板材除了主要起到隔断、承重等功能性用途外，往往还带有一定装饰性或特种功能，如吸声、隔热等，包括水泥木丝板、纸浆水泥板、石膏刨花板等。它们也常作为装饰板的基材，经特种加工后制成结构性装饰材料。

2. 无机矿物制品的应用

矿物装饰材料一般均为板材，常用的规格有 300 mm×300 mm×9 mm，500 mm×500 mm×9 mm，600 mm×600 mm×11 mm 和 900 mm×900 mm×12 mm 等。它有各种表面结构，如平面型、压花型、浮雕型、嵌缝型、半穿孔型、全穿孔型、盲孔型等；其表面的装饰方式有油漆、贴砂、喷饰、印花、彩画等；其内部处理有防水、防潮、防火、吸声、折波等。

穿孔吸声处理是矿物装饰板的一大特点，穿孔方式和花样也很多。穿孔吸声处理后，声波通过微孔时，声能会部分转化为热能，从而达到吸声效果。这类装饰材料有许多优良性能。例如，石膏装饰板具有质轻、高强、防潮、不变形、防火、滞燃、可调节室内温度等特点，并且施工方便，加工性能好，具有可锯、可钉、可刨、可黏结等优点。添加珍珠岩、岩棉、矿棉等吸声隔热材料的装饰吸声板，对高、中频有良好的吸收效果。在穿孔结构合适时，其对低频噪声也有良好的吸收作用。此外，它对热传递也有阻滞作用。

由于矿物装饰板有上述装饰与特殊功能，故广泛应用于影剧院、会堂、音乐厅、播音室、录音室等场所，用以控制和调整室内混响时间、消除回声、改善室内的音质、提高语言清晰度。它也用于旅馆、医院、办公室、商场以及吵闹场所，如工厂车间，用以降低室内噪声、改善生活环境和劳动条件。矿物装饰板的种类如下所示。

1）纸面石膏板

具体内容见项目二。

2）装饰石膏制品

装饰石膏板、吸声用穿孔石膏板、艺术装饰石膏制品等主要是根据室内装饰设计的要求而加工制作的。装饰石膏线角、花饰、造型等石膏艺术制品可统称为石膏装饰件,石膏装饰件在装饰中的应用也是越来越多。它可分为平板和浮雕板系列,浮雕饰线系列(阴型饰线和阳型饰线),艺术顶棚、灯圈、角花系列,艺术廊柱系列,浮雕壁画、画框系列,艺术花饰系列及人体造型系列。在色彩上,可利用优质建筑石膏本身洁白高雅的色彩;在造型上,可洋为中用、古为今用,将石膏这一传统材料赋予新的装饰内涵。石膏装饰制品如图 0-8 所示。

图 0-8 石膏装饰制品

(1) 装饰石膏线角 其断面形状为一字形或 L 形的长条状装饰部件,多用高强石膏或加肋建筑石膏制作,用浇注法成型,表面呈现雕花型和弧型。它的规格尺寸很多,主要在室内装修中组合使用,例如,采取多层线角贴合,形成吊顶局部变高的造型处理。线角与贴墙板、踢脚板合用可构成代替木材的石膏墙裙,即上部用线角封顶,中部为带花饰的防水石膏板,底部用条板作踢脚板,贴好后再刷涂料。线角还可以在墙上镶裹壁画,彩饰后形成画框等。

(2) 艺术顶棚、灯圈、角花 它们一般在灯(扇)座处及顶棚四角黏结。顶棚和角花多为雕花型或弧线型石膏饰件,灯圈多为圆形花饰,直径为 0.9～2.5 m,看起来美观、雅致。

(3) 艺术廊柱 它仿照欧洲建筑流派风格造型,分上、中、下三部分。上为柱头,有盆状、漏斗状或花篮状等,中为空心圆(或方)柱体,下为基座。艺术廊柱多用于营业门面、厅堂及门窗洞口处。

(4) 石膏花台、梁托、神台 它们有的形体为 1/2 球体,可悬置于空中,上插花束而呈半球花篮状;也可为 1/4 球体贴墙面而挂,或是 1/8 球体置于墙壁阴角。

(5) 石膏壁画 这是集雕刻艺术与石膏制品于一体的饰品,整幅画面可大到 1.8 m×4 m,画面有山水、松竹、腾龙、飞鹤等。它是由多块小尺寸预制件拼合而成的。

(6) 石膏造型 它可单独使用,也可作为配合廊柱用的人体或动物造型使用。

3) 装饰绝热、吸声板

装饰绝热、吸声板的品种较多,这里主要介绍具有代表性的膨胀珍珠岩装饰吸声板和矿棉装饰吸声板。

膨胀珍珠岩装饰吸声板具有质轻、高强、吸声、防火等优良性能。另外,由于采取了防水措施,它也可作外墙装饰之用。

矿棉装饰吸声板是一种高级装饰材料。按其工艺不同,有半干法矿棉吸声板与湿法矿棉吸声板;按表面加工方法不同,有普通型、沟槽型、印刷型、浮雕型等四种类型的装饰板。矿棉装饰吸声板具有吸声、防火、隔热的综合性能,而且可制成各种色彩的图案与立体形表面,是一种室内高级装饰材料。

4) 复合装饰板

复合装饰板有轻质硅酸吊顶板、菱镁装饰板、珍珠岩植物复合板、矿渣石膏装饰板等。

珍珠岩植物复合板具有防火、防水、防霉、防蛀、吸声、隔热、装饰性强、可锯、可钉等性能,可用作内外墙板、天花板、地板、门板、框架建筑挂板、组合式轻体多功能商品房用板、车船用板等。

石膏是气硬性胶凝材料，通常抗水性差，矿渣石膏装饰板掺和一定比例的矿渣，可以大大提高石膏硬化体的抗水性，使制品的一些力学性能得到改善。矿渣石膏装饰板的特点是防水性较好，受潮受湿状态下的强度较好，故可用于比较潮湿的装饰部位。

5）建筑装饰基材板

这类板材广泛用于建筑装修，有些板材本身即具有一定装饰性，有些则只需作表面装饰处理，如油漆、贴面等，即成为装饰板材。它们可分为石膏类、水泥类、菱镁类，应用最多的是前两类。

(1) 石膏纤维板　它是以石膏为基材，加入适量有机或无机纤维为增强材料，经打浆、铺装、脱水、成型、烘干而制成的一种无面纸纤维石膏板。它具有质轻、高强、耐火、隔声、韧度高的性能，可进行锯、钉、刨、粘等，其用途与纸面石膏板相同。

(2) 纤维增强石膏压力板　它又称 AP 板，是以天然硬石膏(无水石膏)为基料，加入防水剂、激发剂、混合纤维增强材料，用圆网抄取工艺成型方式压制而成的轻型建筑薄板。它具有硬度高、平整度好、抗翘曲变形能力强等特点，可用于各种室内隔墙、墙体覆面和吊顶。

(3) 石膏刨花板　石膏刨花板是以石膏为胶黏剂，木质刨花为增强原料，添加其他辅助材料，经拌和、铺装、压制而成的板材。它有较高的力学性能，优良的耐火性和不燃性。产品可以砂光、锯割、打钉和拧螺钉，也可用墙纸、装饰纸、薄膜、单板等覆贴而增加其装饰性，是一种新型的室内建筑与装饰材料。它可用于隔墙板、天花板、壁橱、地板拼块等。

(4) 纤维水泥平板　它是以矿物纤维、纤维素、纤维分散剂和水泥为主要原料，经抄坯、成型、养护而成的薄型建筑平板。这种板材加工性能良好，表面易装饰，可喷涂和贴壁纸。它的特点是防火、绝缘、防潮、隔热、吸声、质轻、高强等，可用于工业与民用建筑物的内外墙板、天花板、壁柜、门扇及其他需要防火的部位。

(5) 无机纤维增强平板　它简称 TK 板，是以低碱水泥、中碱玻璃纤维和短石棉为原料，经圆网成型机抄制成型，再蒸养硬化而成的薄型平板。这种板材抗冲击性好、加工方便，适用于隔墙、吊顶和墙裙板。

(6) 纤维水泥加压板　它简称 FC 加压板，是以各种纤维和水泥为主要原料，经抄取成型、加压蒸养而成的高强度薄板。这种板材的密度较大，表面光洁，强度高于同类产品，可用于内墙板、卫生间墙板、吊顶板、楼梯和免拆型混凝土模板。

(7) 水泥刨花板　水泥刨花板是以水泥和木材刨花为主要原料，加入适当的水和化学助剂，经搅拌成型、加压、养护等工序制成的薄型建筑平板。它具有自重轻、强度高、防火、防水、保温、隔音、防蛀等性能，可进行锯、粘、钉、装饰等加工，主要用于建筑物内外墙板、天花板、壁橱板等。

(8) 水泥木丝板(万利板)　水泥木丝板是将木材下脚料用机械刨切方式制成均匀木丝，再加入水泥、水玻璃等，经成型、铺模、冷压、干燥、养护而成的一种吸声、保温、隔热材料。其性能和应用与水泥刨花板大致相同，但因其骨架为木丝，故强度与吸声性能更好。

(9) 硅酸钙板材　硅酸钙板材是用粉煤灰、电石泥等工业废料为主制成的建筑用板材。其常用品种有纤维增强板和轻质吊顶板两种。纤维增强硅酸钙板是以粉煤灰、电石泥为主，用矿物纤维和少量其他纤维增强材料制成的轻质板材。这种板材纤维分布均匀、排布有序、密实性好，具有防火、隔热、防潮、防霉等特点，可以任意涂饰、印刷花纹、粘贴各种贴面材料，可以用常规工具进行锯、刨、钉、钻等加工。它可用于吊顶、隔墙板、墙裙板等，适合于地下工程等潮湿环境使用。轻质硅酸钙吊顶板是在硅酸钙板材原料中掺入轻质骨料制成的轻质高强吊顶板材，其容重为 400～800 kg/m^3。轻质硅酸钙吊顶板轻质、高强、耐水、防潮，其声学及热学性能优良，可用于礼堂、影剧院、餐厅、会议室吊顶及内墙面。

(八)金属装饰材料

金属材料在建筑上的应用具有悠久的历史。在现代建筑中，金属材料品种繁多，尤其是钢、铁、铝、铜及其合金材料，它们具有独特的光泽与色彩、庄重华贵的外表，耐久、轻盈，易加工、表现力强，这些特质是其他材料所无法比拟的。金属材料还具有精美、高雅、高科技的特性，成为一种新型的所谓“机器美学”的象征。因此，在现代建筑装饰中，金属材料被广泛地采用，如柱子外包不锈钢板或铜板，墙面和顶棚镶贴铝合金板，楼梯扶手采用不锈钢管或铜管，隔墙、幕墙用不锈钢板等。金属装饰制品如图 0-9 所示。

图 0-9　金属装饰制品

1. 金属装饰材料的品种

常见的金属装饰材料为各种板材，如花纹板、波纹板、压型板、冲孔板。其中波纹板可增加强度、降低板材厚度以节省材料，也有其特殊的装饰风格。冲孔板主要用来增加建筑物吸声性能，大多用作吊顶材料，孔形有圆孔、方孔、长圆孔、长方孔、三角孔、菱形孔、大小组合孔等。

金属装饰箔是一种极薄的装饰材料，常用于古建筑的装修。

金属材料中，作为装饰应用最多的是铝材。近年来，不锈钢的应用大大增加，同时，随着防蚀技术的发展，各种普通钢材的应用也逐渐增加。铜材在历史上曾一度在装饰材料中占重要地位，但近代新型金属装饰材料的质高价廉已使它失去了竞争力，然而，作为金属工艺品，铜的色泽和光感是不可替代的。

随着制作工艺的发展，金属工艺品越来越完美，已经成为家居陈设的主要工艺品之一，如图 0-10 所示。

图 0-10　金属工艺品

2. 常用金属装饰材料

金属装饰材料有各种金属及合金制品，如铜和铜合金制品、锌和锌合金制品、锡和锡合金制品等，但应用最多的还是铝和铝合金制品，以及钢材及其复合制品。

1）铝及铝合金装饰板

铝作为化学元素，在地壳的组成元素中占第三位，约占7.45%，仅次于氧和硅。随着炼铝技术的提高，铝及铝合金成为一种被广泛应用的金属材料。

铝属于有色金属中的轻金属，质轻，密度为2.7 g/cm^3，为钢的1/3，是各类轻结构制品的基本材料之一。铝的熔点低，为660 ℃。铝呈银白色，反射能力很强，因此常用来制造反射镜、冷气设备的屋顶等。铝有很好的导电性和传热性，仅次于铜，所以，铝也被广泛用来制造导电材料、传热材料和蒸煮器具等。

铝是活泼的金属元素，它与氧的亲和力很强。铝暴露在空气中，表面易生成一层致密而坚固的氧化铝（Al_2O_3）薄膜，可以阻止铝继续氧化，从而起到保护作用，所以铝在大气中的耐蚀性较强。但氧化铝薄膜的厚度一般小于0.1 μm，因而它的耐蚀性也是有限的，如纯铝不能与盐酸、浓硫酸、氢氟酸、强碱及氯、溴、碘等接触，否则将会产生化学反应而被腐蚀。

铝具有良好的延展性、塑性，易加工成板、管、线及箔（厚度6～25 μm）等。铝的强度和硬度较低，所以常可用冷压法加工成制品。在低温环境中，铝的塑性、韧度和强度不会下降，因此，它常作为低温材料用于航空和航天工程及制造冷冻食品的储运设备等。

纯铝强度较低，为提高其使用价值，常在纯铝中加入适量的铜、镁、锰、硅、锌等元素组成铝合金，如Al-Cu系合金、Al-Cu-Mg系硬铝合金（即杜拉铝）、Al-Zn-Mg-Cu系超硬铝合金（即超杜拉铝）等。

纯铝中加入合金元素后，其机械性能明显提高，并且仍能保持铝的质量小的固有特性。铝合金装饰材料具有质量小、不燃烧、耐蚀、经久耐用、不易生锈、施工方便、装饰华丽等优点。铝合金与碳素钢相比较，具有其所特有的良好性能。

目前铝合金广泛应用于建筑工程结构和建筑装饰，如屋架、屋面板、幕墙、门窗框、活动式隔墙、顶棚、暖气片、阳台和楼梯扶手，以及其他室内装修及建筑五金等。例如，日本的高层建筑98%采用了铝合金门窗；美国已用铝合金制造了跨度为66 m的飞机库，其全部建筑物的质量仅为钢结构的1/7。

我国航空工业部第四规划设计研究院（现“中国航空工业集团公司”）在首都机场72 m大跨度波音747飞机库的设计中，采用了彩色压型铝板作两端山墙，建成后壮观美丽，视觉效果显著。另外，在山西太原34 m悬臂钢结构机库的设计中，屋面与吊顶均采用压型铝板，吊顶上铺设岩棉作保温层，降低了屋盖和下部承重结构的耗钢量，而铝屋面本身载荷小，耐久性也好。

经氧极氧化处理后的铝可以着色，制成装饰制品。近年来，日本制成铝-聚乙烯（Al-PE）复合板，可作室内建筑装饰材料。复合板的两面是0.1～0.3 mm厚的铝板，中间的夹心材料主要采用中低压聚乙烯（即高密度聚乙烯），铝板的表面可进行防腐、轧花、涂装、印刷等二次加工。这种复合板的特点是质量小，有适当的刚度，能防振和隔音。而德国在工业建筑上使用两层铝板之间填充泡沫材料的保温板材，它可以用螺栓固定，密度仅为8 kg/m^3，其构件长度可达15.4 m。另外，掺入有玻璃棉的沥青，外贴铝箔（厚度仅为0.05～0.08 mm）而成的复合材料，用于屋面可使其完全不透水，且耐久性好，还可反射夏季日照的热量，对顶层房间具有良好的隔热效果，又能防止沥青受到热冲击作用；而贴有铝箔的三聚氰胺贴面板，则具有良好的耐久性和耐热性，可代替装饰用纸，它具有金属的外观，且耐磨、不开裂。

建筑上常用的铝合金制品有铝合金门窗、铝合金装饰板、铝箔、铝粉，以及铝合金吊顶龙骨等。另外，家具设备及各种五金零件也经常采用铝合金材料，如把手、铰锁，以及标志、商标、提把、提攀、嵌条、包角等装饰制品，既美观、金属感强，又耐久不腐。

2）建筑装饰用钢材制品

目前，建筑装饰工程中常用的钢材制品主要有普通不锈钢板与钢管、彩色不锈钢板、彩色涂层钢板、彩色压型钢板、塑料复合钢板，以及轻钢龙骨等。

不锈钢是以加入铬元素为主并掺入其他元素的合金钢，其铬含量越高，钢的耐蚀性越好。除铬外，不锈钢中还含有镍、锰、钛、硅等元素，这些元素都能影响不锈钢的强度、塑性、韧度和耐蚀性。

不锈钢的耐蚀原理是：由于铬的性质比铁活泼，在不锈钢中，铬首先与环境中的氧发生化合反应，生成一层与钢基材牢固结合的致密氧化膜层，称为钝化膜，它能使合金钢得到保护，不致锈蚀。

建筑装饰用不锈钢制品包括薄钢板、管材、型材及各种异型材，主要的是薄钢板，其中厚度小于 2 mm 的薄钢板用得最多。

不锈钢的主要特点是：耐蚀性好，经不同的表面加工工艺处理后可形成不同的光泽度和反射能力，安装方便，装饰效果好，且具有时代感。

不锈钢制品在建筑上可用于屋面、幕墙、门、窗、内外墙饰面、栏杆扶手等。目前，不锈钢包柱被广泛用于大型商场、宾馆和餐厅的入口、门厅、中厅等处，在建筑物的通高大厅和四季厅之中，也常被采用。这是由于不锈钢包柱不仅是一种新颖的具有很高观赏价值的建筑装饰制品，而且由于其镜面反射作用，可取得与周围环境中的各种色彩、景物交相辉映的效果。同时，在灯光的配合下，它还可形成晶莹明亮的高光部分，从而有助于在这些共享空间中，形成空间环境中的兴趣中心，对空间环境的效果起到强化、点缀和烘托的作用。

（1）彩色不锈钢板　彩色不锈钢板是对不锈钢板进行技术性和艺术性加工，使其表面成为具有各种绚丽色彩的不锈钢装饰板。其颜色有蓝、灰、紫、红、青、绿、金黄、橙、茶色等多种。彩色不锈钢板具有耐蚀性强、力学性能较好、彩色面层经久不退色、色泽随光照角度不同会产生色调变幻等特点，而且彩色面层能耐 200 ℃的温度，耐盐雾腐蚀性能比一般不锈钢好，耐磨和耐刻画性能相当于箔层涂金的性能。当它弯曲 90°时，彩色层不会损坏。它可用于厅堂墙板、天花板、电梯厢板、车厢板、建筑装潢、招牌等。采用彩色不锈钢板装饰墙面，不仅坚固耐用，美观新颖，而且具有强烈的时代感。

（2）彩色涂层钢板　为提高普通钢板的耐蚀和装饰性能，在 20 世纪 70 年代，一些先进国家开发出了一种新型带钢预涂产品——彩色涂层钢板。我国也在上海宝山钢铁厂（现“宝钢集团有限公司”）兴建了第一条现代化彩色涂层钢板生产线。钢板涂层可分为有机涂层、无机涂层和复合涂层，以有机涂层钢板发展最快。有机涂层钢板可以配制各种不同色彩和花纹，故称之为彩色涂层钢板。彩色涂层钢板具有优异的装饰性，涂层附着力强，可长期保持不退色，并且它具有良好的耐污染性能、耐高低温性能和耐沸水浸泡性能，另外，其加工性能也好，可进行切断、弯曲、钻孔、铆接、卷边等。

彩色涂层钢板可用作建筑外墙板、屋面板、护壁板等。如用作商业亭、候车亭的瓦楞板，工业厂房大型车间的壁板与屋顶等。另外，还可用作防水汽渗透板，排气管道、通风管道、耐蚀管道、电气设备罩等。彩色涂层钢板及其结构图如图 0-11 所示。

（3）彩色压型钢板　彩色压型钢板是以镀锌钢板为基材，经成型机轧制，并涂敷各种耐腐蚀涂层与彩色烤漆而制成的轻型围护结构材料。这种钢板具有质量小、抗震性好、耐久性强、色彩鲜艳、易加工，以及施工方便等特点。它适用于工业与民用及公共建筑的屋盖、墙板和墙壁装贴等。

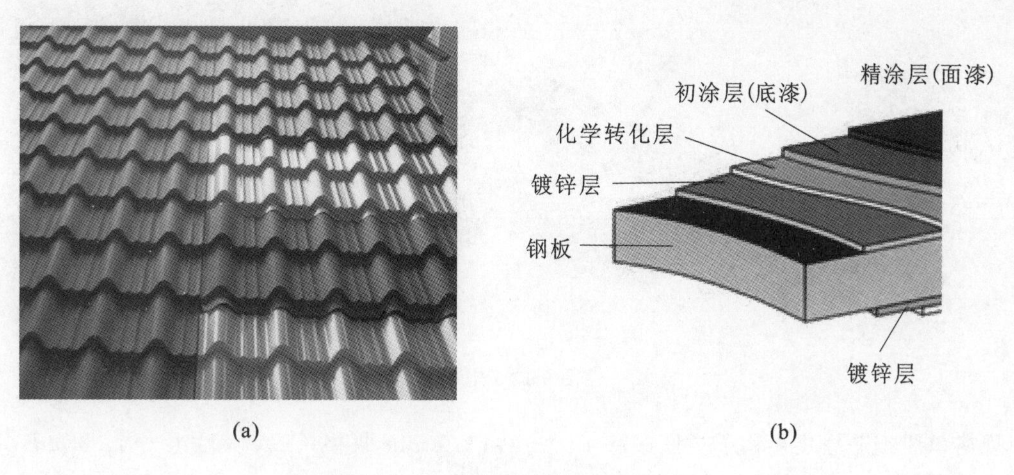

(a)　(b)

图 0-11　彩色涂层钢板及其结构图

(a) 实物示例;(b) 结构图

3）铜及铜合金

铜是我国历史上使用最早、用途较广的一种有色金属。铜在地壳中储藏量不大,约占 0.01%,且在自然界中很少以游离状态存在,多是以化合物状态存在的。铜也是一种古老的装饰材料,并被广泛用于建筑装饰及各种零部件。在古建筑中,铜材是一种高档的装饰材料,用于宫廷、寺庙、纪念性建筑,以及商店铜字招牌等。在现代建筑装饰方面,铜材集古朴和华贵于一身,可用于外墙板、把手、门锁、纱窗(紫铜纱窗)、西式高级建筑的壁炉等。在卫生器具、五金配件方面,铜材具有广泛的用途,如洗面器配件、浴盆配件、妇洗器配件、坐便器配件、蹲便器配件、小便器配件、洗涤盆配件、淋浴器配件等,一般都选用铜材。铜材经铸造、机械加工成型,用镀镍、镀铬工艺进行表面处理,具有耐蚀、色泽光亮、抗氧化性强的特点,可用于宾馆、学校、机关、医院等多种民用建筑中,如楼梯扶手栏杆、楼梯防滑条等。有的西方建筑用铜包柱,光彩照人,美观雅致,光亮耐久。它通常在本色基础上抛光,在高级宾馆、饭店、古建筑、楼、堂、殿、阁中采用这种装饰方式,可体现出一种华丽、高雅的风格。纯铜表面氧化而生成氧化铜薄膜后呈紫红色,故称紫铜。它具有较高的导电性、传热性、耐蚀性及良好的延展性、易加工性,可压延成薄片(紫铜片)和线材,是良好的止水材料和导电材料。纯铜强度低,不宜直接用作结构材料。在一些高级宾馆中,还选用紫铜编织成网,网孔为方形,幅面宽度一致,数目不同,可用作纱门、纱窗、防护罩等。

在铜中掺加锌、锡等元素可制成铜合金,铜合金主要有黄铜、白铜和青铜,其强度、硬度等力学性能比纯铜高,而价格比纯铜低。

铜和锌的合金称为普通黄铜。普通黄铜呈金黄色或黄色,色泽随含锌量的增加而逐渐变淡。黄铜不易生锈腐蚀,延展性较好,易于加工成各种建筑五金、装饰制品及水暖器材。黄铜粉俗称“金粉”,常用于调制装饰涂料,代替“贴金”。

此外,铜的合金还有锡青铜、铝青铜、特殊黄铜等。

4）电线

家装中使用的电线一般为单股铜芯线,如图 0-12 所示。按其截面面积来分,家装用电线主要有三个规格,分别是 4.0 mm^2、2.5 mm^2 和 1.5 mm^2。另外还有 10.0 mm^2 规格的,主要用于进户主干线,它在家装中几乎不用或用量很少,一般不列入家装电路用线的范围。

4.0 mm^2 规格单股铜芯线是用于电路主线和空调、电热水器等的专用线,即用于大功率电器和厨房、卫生

图 0-12　电线

间;2.5 mm^2 规格单股铜芯线主要用于插座线和部分支线;1.5 mm^2 规格单股铜芯线用于灯具和开关线,电路中的地线一般也使用 1.5 mm^2 规格单股铜芯线。

值得说明的是,与 MODEM、ISDN 等拨号上网不同,宽带上网的介质不再是传统的电话线,取而代之的是 8 芯的超五类 UTP 电缆,俗称网络线。因此,家居装修中必须考虑网络线的布设,否则,以后要通过宽带接入上网时,不得不在室内走明线,会给装修好的居室留下遗憾。

思考与练习

1. 简述建筑装饰材料的分类和应用情况。
2. 装饰材料的基本要求和选用原则是什么?
3. 列出各种材料可能的施工做法。
4. 书写材料市场考察报告一份(不少于 500 字)。

项目一
地面装饰材料及施工工艺

ShiNeiZhuangShi
CaiLiao Yu GouZao（DI-ERBAN）

教学目标

最终目标:(1) 熟悉地面常用装饰材料的基本性能和规格;

(2) 掌握常见地面装饰的施工工艺和构造;

(3) 了解常见地面装饰的构造做法,能够准确、快速识读构造图。

促成目标:(1) 能在设计中正确选用材料,能够灵活应用不同的材料和选择不同做法来实现设计意图;

(2) 能够绘制常见的地面装饰节点构造图。

工作任务

(1) 学习常用的地面装饰材料;

(2) 掌握常见地面装饰的施工工艺;

(3) 识读并临摹常见地面装饰构造图。

活动设计

1. 活动思路

从设计和施工的角度出发,学生应了解目前常用装饰材料的基本性能、特征及规格;通过多媒体图例和样板间样品,系统学习常用地面装饰材料;同时,通过对施工工艺视频资料的学习和构造实训室的实际操作,结合施工现场观摩、考察,学生应对地面材料及其施工工艺与构造有一个完整的感知,并能应用于实践中。

2. 活动组织

活动组织如表 1-1 所示。

表 1-1 活动组织

序号	活动项目	具体实施	课时	课程资源
1	地面装饰常用材料及性能	理论讲授和讨论分析	2	多媒体、材料样品
2	地面装饰常用材料及性能	辅导与讨论分析	2	材料展示样板间、材料构造样板间
3	地面施工工艺	辅导与讨论分析	2	多媒体、视频资料
4	地面装饰构造的分类	理论讲授和讨论分析	2	多媒体
5	工地观摩	考察与讲解	2	工地

3. 活动评价

评价内容为学生作业;评价标准如表 1-2 所示。

表 1-2 评价标准

评价等级	评价标准
优秀	能够选用合适的材料设计地面形式,写出相应的施工工艺,并绘制相应构造图;设计新颖,施工工艺合理可行,且能够合理利用材料的特性和装饰构造的原理
合格	能够选用合适的材料设计地面形式,写出相应的施工工艺,并绘制相应构造图;设计普通,施工工艺基本合理可行,基本能够利用材料的特性和装饰构造的原理
不合格	能够设计地面形式,写不出相应的施工工艺,绘制不出相应构造图;对地面装饰材料的特性和装饰构造原理掌握不够

楼地面是建筑物底层地面和楼层地面的总称。

1. 楼地面饰面的作用

楼地面饰面不仅能改善室内外清洁、卫生条件，而且能增加建筑物的采光、保温、隔热、隔声性能。对楼地面饰面的要求通常分为三个方面：一是保护建筑物主体结构；二是满足使用条件，如弹性要求等；三是满足一定的装饰要求，地面装饰设计要结合空间的形态、家具饰品的布置、人的活动状况及心理感受、色彩环境、图案要求、质感效果和该建筑的使用性能等因素予以综合考虑，妥善处理楼地面的装饰效果和功能要求之间的关系。

2. 楼地面饰面的分类

从楼地面饰面装饰效果的角度，可以将楼地面饰面划分为美术地面、席纹地面、拼花地面等。

从施工工艺的角度进行划分，楼地面饰面可以分为整体式楼地面、块材式楼地面、木地板地面以及人造软质品地面等。

按照对楼地面的使用要求的不同，可将楼地面饰面划分为普通地面、特种地面（如耐蚀地面、防水地面、防静电地面、防爆地面等）。

按照楼地面使用材料的不同，楼地面饰面可分为陶瓷地砖地面、水磨石地面、大理石花岗石地面、木地面，以及地毯地面等。

单元一 地面装饰材料

一、木地板

木地板经常用于中高级的民用建筑或是有较高清洁和弹性要求的场所，例如住宅的客厅和卧室、幼儿园的活动室、宾馆客房、剧院舞台、工厂计量室及精密仪器车间等。

木地板主要有如下特点。

（1）质感特别　作为地面材料，它坚实而富有弹性，冬暖而夏凉，自然而高雅，舒适而安全。

（2）装饰性好　其色泽丰富，纹理美观，装饰形式多样。

（3）力学性能好　木地板有一定硬度，但又具有一定弹性，能隔热、绝缘、隔音、防潮，不易老化。

木地板也有一定的缺点，在使用中应当注意。如木地板本身不耐蚀、不耐火，须进行一定处理才能用于室内；其干缩湿涨性强，处理与应用不当时易产生开裂变形，对它的保护和维护要求较高。

（一）木地板的质量鉴别

木地板有独特的装饰效果，但也有一定的缺点，在使用木地板时，对它的质量鉴别一般应从以下几个方面进行考虑。

1. 木地板的用材

木地板的用材是鉴别地板档次和价格的最重要的方面,应考虑如下一些因素。

(1) 木材的树种、来源和产地　名贵树种和普通树种的性能当然不在同一档次,即使是同一树种,由于产地不同,其质地也有相当大的差别。

(2) 色泽　自然界色差不大的木材并不多见,即使是同一棵树,心材到边材往往也存在较大色差。竹地板之所以受到许多人的青睐,其较为一致的淡黄色泽是原因之一。

(3) 花纹　由于地面的特殊视觉效应,地板的花纹宜小不宜大,宜浅不宜深,宜直不宜曲,宜规则不宜乱。因此,从大部分人的喜爱角度看,径向条纹优于山水纹,点状花纹优于大片花纹。

(4) 质地　木地板的脚感、软硬、弹性、粗细、光洁等结构上的性质也标志着质量的高低,细腻而光洁的地板一般材质较好。

(5) 材料的处理方式　经过水热处理或其他方式处理以保持尺寸稳定的地板质量较高;另外,地板的干燥方式和含水率更是非常重要的质量鉴别因素。

上述的鉴别方法大多数为实木地板的鉴别方式,如果是复合地板或人造板地板,则鉴别重点是地板所采用的基材。一般来说,在地板所采用的基材种类中,胶合板优于中密度纤维板,中密度纤维板又优于刨花板。

2. 木地板的外观缺陷

木材是天然生长的装饰材料,木地板的外观通常会有如下一些瑕疵。

(1) 节疤　木材容易生长节疤,节疤有死节、活节,死节强度极小,色泽也已发黑,显然是不允许采用的。活节有时并不影响外观,反而带有花纹的性质,但是节疤过多会在地面上显出凌乱的感觉,所以使用时要注意节的多少和节的大小。

(2) 腐朽　腐朽分为内腐和外腐,外腐显然是经不起鉴别的,但内腐往往不易被发现,可以通过敲击、测重来估计。内腐的地板敲击声沉闷,质量较小。

(3) 裂纹　裂纹有透裂、丝裂、内裂、外裂等。实木地板、人造板地板、复合地板都有可能出现这样的缺陷,但在装修中,大的裂纹一般都是不允许出现的。

(4) 虫孔　虫孔直径大或分布多而面积大,自然会影响外观,但如果直径小而分布均匀,则有一种天然的特殊装饰效果。

(5) 色变　陈放、处理和加工的不同会引起地板基材或地板产品的色变。色变一般是局部的,而且颜色和色差也不尽一致,这显然会影响外观。但如果色变的颜色和色差是一致的,则对地板是一种装饰,能起到美化外观的作用。

3. 主要力学性能

木地板的力学性能直接影响地板的使用效果和使用寿命,有以下一些性能或指标可以用来鉴别或评价其品质。

(1) 干缩湿涨　干缩湿涨是木材的天然性质,作为地板材料,这种性质是其弱点之一,选择和处理不当会严重影响使用效果。不同种类的木材的干缩湿涨性有很大的区别,有些材种的干缩湿涨极为明显,有些则相对较小。高档次的实木地板所用材种一般具有较小的干缩湿涨性。竹材的干缩湿涨较小,这是竹材作为地板用材的优点之一。人造板由于经过高温高压的处理,在空气中的干缩湿涨较小,这也是近年来用人造板作基材的复合地板得到高速发展的原因之一。

(2) 含水率　木材有干缩湿涨性,因此含水率成为木地板最重要的质量指标之一。在南方潮湿的气候条件下，木地板常常由于湿涨而出现局部或大面积的隆起。在北方干燥的气候条件下，木地板则由于干缩而出现接口裂缝或地板裂纹。因此，木地板在施工前的过干或过湿都是不适宜的，施工时应考虑当地的平衡含水率并采取一定的防隆防裂措施。

（3）表面耐磨性　作为地面材料，地板表面耐磨性显然是非常重要的。木地板的表面一般都经过涂饰、覆膜等处理，因此，木地板的表面耐磨性与基材的关系不大，而与表面处理的用材和方式有关，如涂料的质量和厚度，覆膜的材料和工艺等。表面耐磨性可用表面耐磨仪检测，以耐磨转数为参数来鉴别。对于家庭用地板，耐磨转数通常选用 6 000 r/min 以上，而对办公楼所用地板，通常选用 9 000 r/min 以上。

（4）表面耐冲击性　地面材料要求一定的表面耐冲击性，以免在使用中当物件掉落地面时形成凹陷。木地板的表面耐冲击性不仅与表面处理的材料与方式有关，而且与木地板的基材性质有关。一般来说，木地板的材质较硬及表面处理材料韧度较好时，木地板的表面耐冲击性较高。

（5）胶合强度和剥离强度　前者针对多层材料复合的复合地板，后者针对浸渍纸饰面或油漆饰面的地板。地面材料相对于顶棚和墙面材料来说，其使用条件比较恶劣，易于产生胶层分离和油漆剥落现象。胶合强度和剥离强度可用仪器检测，在有关地板的国家标准中有所规定。

（6）甲醛释放量　这是近年来广为人们关心的问题。在天然木材中含有微量甲醛，但一般对人体不会造成危害，故实木地板可不考虑此问题。以人造板为基材和将木、竹材料加工胶合而成的地板，由于胶黏剂中未参与反应的游离甲醛的存在，会导致甲醛在室内空间的释放而危害人体。在新的国家标准中，对地板的甲醛释放量已作出规定。

除上述几点以外，木地板的加工精度也会直接影响到木地板的安装与使用。

（二）木地板的分类

图 1-1 所示为几款木地板示例。木地板主要有以下几种分类方法。

图 1-1　木地板示例

（1）按质地分，有竹质地板、实木地板、竹木复合地板、人造板地板、软木地板等。

（2）按外形结构分，有条状地板，如长条地板、短条地板；块状拼花地板，如正方形地板、菱形地板、六角形地板、三角形地板；粒状地板，又称木质马赛克；此外还有毯状地板、穿线地板、编制地板等。

（3）按横断面构造分，有顺纹地板，即木、竹材的纹理顺着地板长边的地板；立木地板，即地板表面的纹理为木、竹材的横断面；斜纹地板，即地板表面的纹理方向与木、竹材纹理成一定角度。

(4) 按地板的接口形式分，有平口式地板、沟槽式地板、榫槽式地板、燕尾榫式地板、斜边式地板、插销式地板等。

(5) 按层数分，有单层地板、双层地板、多层地板。

(三)常见的木地板

1. 实木地板

实木地板是将天然木材锯解、干燥后直接加工成不同几何单元的地板，其特点是断面结构为单层，充分保留了木材的天然性质。近年来，虽然不同类别的地板大量涌入市场，但实木地板以它不可替代的优良性能始终稳定地占据着一定的市场份额。

实木地板是用天然材料——木材，不经过任何黏结处理，用机械设备加工而成的。这种地板的特点是保持了天然木材的性能。它具有木质自然而色泽柔和、自重轻、强度高、弹性好、脚感舒适、冬暖夏凉、气味芳香、环保健康等优点，广泛用于高级宾馆、办公室、住宅等。

实木地板常见的有平口地板、企口地板、指接地板、集成指接地板等。其规格较多，通常长 300～1 000 mm、宽 90～125 mm、厚 18 mm，常用的规格有 18 mm×90 mm×450(或 600、900) mm。

1) 实木地板的树种

实木地板由于未经结构重组和与其他材料复合加工，对树种的要求相对较高，其档次也因树种的不同而不同。一般来说，地板用材以阔叶材为多，其档次较高；以针叶材为少，其档次较低。近年由于国家实施天然林保护工程，进口木材作为实木地板原料增多。部分实木地板用材如图 1-2 所示。用作实木地板用材的树种可分为以下的三大类。

(1) 国产阔叶材　这是应用较多的一类树种，常见的有：榉木、柞木、花梨木、檀木、楠木、水曲柳、麻栎、高山栎、黄锥、红锥、白锥、红青冈、白青冈、槐木、白桦、红桦、枫桦、檫木、榆木、黄杞、槭木、楝木、荷木、白蜡木、红桉、柠檬桉、核桃木、硬合欢、楸木、樟木、椿木等。

(2) 进口材　进口木地板用材日渐增多，种类也越来越复杂，大致有如下一些：紫檀、柚木、花梨木、酸枝木、榉木、桃花芯木、甘巴豆、大甘巴豆、龙脑香、木夹豆、乌木、印茄、蚁木、白山榄长、水青冈等。

(3) 针叶材　用针叶材做实木地板的较少，它常用于多层复合地板的芯材。这类树种有：红松、广东松、落叶松、红杉、铁杉、云杉、油杉、水杉等。

2) 实木地板的品种、结构与特点

实木地板按市场销售的形式分为三个大类品种，即实木地板条、拼花地板块和立木地板。

(1) 实木地板条　这是应用最广泛的实木地板品种，其形状均为长方形，有平口和企口之分。平口地板侧边为平面，企口地板侧边为不同形式的连接面，如榫槽式、踺榫式、燕尾榫式、斜口式等。

(2) 拼花地板块　拼花地板块是将实木加工成不同的几何单元，在工厂中拼结成不同图案的地板块。几何单元常见的有长方形、正方形、菱形、三角形、正六边形等。

(3) 立木地板　这是一类结构比较特殊的地板，这种地板利用木材的横截面作装饰面，其优点是断面纹理新颖大方，别具一格；力学结构合理，断面耐磨、抗压；组合图案极其丰富，装饰性强；利用小径木材加工，成本低。

2. 多层复合地板

由于世界上天然林木的逐渐减少，特别是装饰用优质木材资源的日渐枯竭，木材的合理利用已越来越受到人们的重视，多层结构的复合地板就是这种情况下的产物之一。多层复合地板实际上是利用珍贵木材或木材中的优质部分以及其他装饰性强的材料作表层，材质较差或质地较差的竹、木材料作中间层或底层，经高温高压

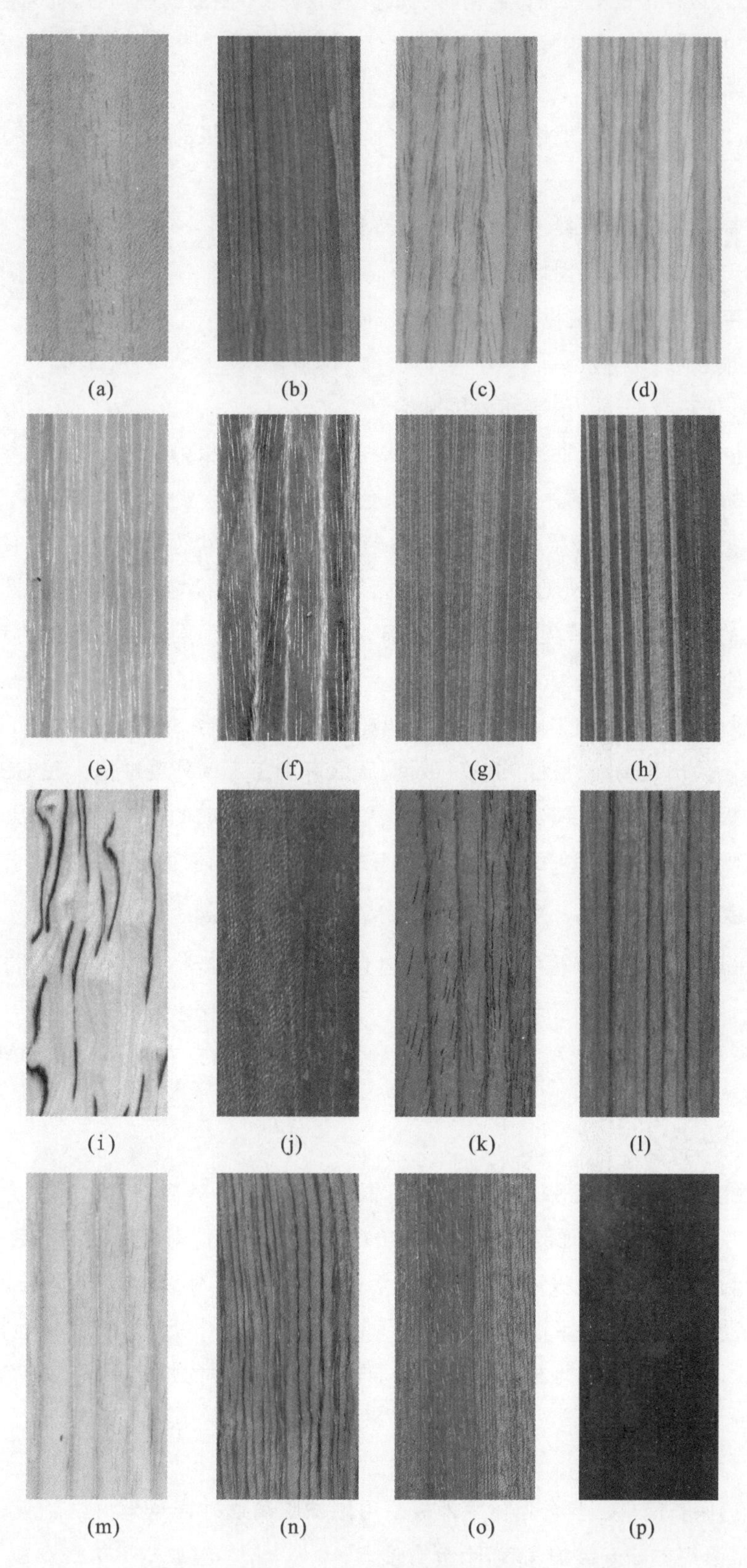

图 1-2 实木地板用材示例

(a) 胡桃木;(b) 泰柚(油性);(c) 法国樱桃;(d) 黄玫瑰;(e) 橡木;(f) 银杏;(g) 柚木皇;(h) 柚木檀;(i) 白冰树;(j) 麦哥利;(k) 黑斑马;(l) 红斑马;(m) 美国白橡;(n) 红檀影;(o) 沙比利;(p) 黑胡桃

制成的多层结构的地板。这种地板不仅充分利用了优质材料，提高了制品的装饰性，而且所采用的加工工艺也不同程度地提高了产品的力学性能。多层复合地板比实木地板略薄，常见规格为 900 mm×125 mm×15 mm。

1）多层复合地板的特点

(1) 充分利用珍贵木材和普通小规格木材，在不影响表面装饰效果的前提下降低了产品的成本，赢得了顾客的喜爱。

(2) 结构合理，翘曲变形小，无开裂、收缩现象，具有较好的弹性。

(3) 板面规格大，安装方便，稳定性好。

(4) 装饰效果好，与豪华型实木地板在外观上具有相同的效果。

2）多层复合地板的结构

多层复合地板一般有二层、三层、五层和多层结构。

常见的三层复合地板，分为面层、芯层和底层；五层结构的复合地板，则类似于人造板中的细木工板。面层是 0.3～0.7 mm 的旋切单板或刨切薄木，为花纹美观、色泽较一致的珍贵木材加工而成。面层下的芯板为 1～3 mm 的旋切单板，其作用是提高与芯层木条垂直的横向抗弯强度，减小面层的厚度，节约珍贵木材，降低成本。对芯层木条材质要求不高，经过干燥处理的杉木、杨木、马尾松、湿地松均可使用。底层是与面层对称的平衡层，为一般木材旋切成的与面层相同厚度的单板。底层以上的芯板与面层下的芯板材质和结构相同。

3）多层复合地板的技术要求

由于多层复合地板是先将木材加工成不同单元，再挑选后重新组合，最后经压制、机械加工而成的。因此，除表面的材料缺陷外，还会出现离缝、脱胶、透胶、鼓泡、压痕等加工上的外观缺陷。在 GB/T 18103—2000 国家标准中，对于以实木拼板或单板为面层、实木条为芯层、单板为底层制成的企口地板和以单板为面层、胶合板为基材制成的企口地板，对面层的材质和加工缺陷作出了有关规定。其中，对面层的材质要求与实木地板大致相同。

3. 复合强化木地板

强化木地板由于采用高密度板为基材，且材料取自速生林，即将 2～3 年生的木材打碎成木屑后制成板材使用，从这个意义上说，强化木地板是最环保的木地板。同时，由于强化木地板有耐磨层，可以适应较恶劣的环境，如客厅、过道等经常有人走动的地方。强化木地板的缺点是它通常只有 8 mm 厚，弹性一般不如实木地板和多层复合板好，但价格相对便宜。

1）复合强化木地板的特点

(1) 优良的力学性能　首先，复合强化木地板具有很高的耐磨性，其表面耐磨耗能力为普通油漆木地板的 10～30 倍；其次，它的内结合强度、表面胶合强度和冲击韧度等力学性能都较好；第三，它有较好的抗静电性能，可用作机房地板；此外，复合强化木地板还有良好的耐污染、耐蚀、抗紫外线、耐烟头灼烧等性能。

(2) 有较大的规格尺寸且尺寸稳定性好　地板的流行趋势为大规格尺寸，而实木地板随规格尺寸的加大，其变形的可能性也加大。复合强化木地板采用了高标准的材料和合理的加工手段，具有较好的尺寸稳定性，因此室内温湿度所引起的地板尺寸变化较小。在建筑界采用的低温辐射地板采暖系统中，复合强化木地板是较适合的地板材料之一。

(3) 安装简便，维护保养简单　复合强化木地板采用泡沫隔离缓冲层悬浮方法铺设，其施工简单，效率高，平时可用清扫、拖抹、辊吸等方法来维护保养，十分方便。

(4) 复合强化木地板的缺陷　首先，复合强化木地板的脚感或质感不如实木地板；其次，如果基材和各层间胶合不良，使用中会脱胶分层而无法修复；此外，地板中所含胶黏剂较多，游离甲醛释放会污染室内环境，必须引起高度重视。

2）复合强化木地板的结构

复合强化木地板是多层结构地板，图 1-3 是其基本结构示意图。由于其结构特殊，因此下面将对各层的材料、性质和要求等作分别介绍。

图 1-3 复合强化木地板基本结构示意图

1—表面耐磨层；2—装饰层；3—基材；4—平衡层（平衡纸）

（1）表面耐磨层　表面耐磨层即耐磨表层纸，地板的耐磨度主要取决于这层透明的耐磨纸。表层纸中含有三氧化二铝、碳化硅等高耐磨成分，其定量（每平方米纸的质量）的高低与地板的耐磨度成正比，即定量越高，表层纸所含的高耐磨成分就越多，其耐磨度也就越高。但耐磨表层纸定量不能过高，一般不应大于 75 g/m²，否则由于其遮盖作用，会影响装饰层的清晰度。

（2）装饰层　装饰层是计算机仿真制作的印刷装饰纸，一般印有仿珍贵树种的木纹或其他图案，纸张由精制木、棉浆加工而成。对这种纸要求其白度在 90 以上，吸水率低于 2.5 mm/min，具有一定的遮盖力以盖住下面深色的缓冲层纸的色泽并防止下层的树脂渗透到表面上来。装饰层一般使用含 5%～20%钛白粉、定量为 100 g/m² 左右的钛白纸。缓冲层能使装饰层具有一定的厚度和机械强度，一般为牛皮纸，纸的厚度在 0.2～0.3 mm 之间。

（3）基材　复合强化木地板的基材主要有两种，一种是中、高密度的纤维板，一种是刨花形态特殊的刨花板。目前市场上销售的绝大多数复合强化木地板以中、高密度的纤维板为基材。由于地板与其他装饰装修材料相比，其使用条件相对恶劣，故对基材的耐潮性、抗变形性及抗压性等要求较高，基材的优劣在很大程度上决定了地板质量的高低。中、高密度纤维板作为复合强化木地板的基材时，它们的技术指标必须符合相关规定。

（4）平衡层　复合强化木地板的底层是平衡层，它是为了使板材在结构上对称以避免变形而采用的与表面装饰层相对应的纸张，此外它也起到一定的防潮作用。平衡纸为牛皮纸，具有一定的厚度和机械强度。平衡纸浸渍了酚醛树脂，其含量一般为 80%以上，因此它具有较高的防湿防潮能力。

4. 人造板地板

利用木质胶合板、刨花板、中密度纤维板、细木工板、硬质纤维板、集成材等人造板作地板材料，在国外早已流行。目前国内应用较多的是刨花板贴面地板，常用作计算机机房地板。

1）几种常用人造板基材的特点

（1）木质胶合板　结构好，强度高，尺寸稳定性好，是较好的地板材料。

（2）中密度纤维板　其优点是材质均匀，厚度偏差较小；缺点是质量较差时会分层，吸水厚度膨胀率较大，湿强度低。

（3）细木工板　其优点是纵向强度高，尺寸稳定性较好，易加工；缺点是横向强度低，厚度偏差较大。

（4）刨花板　内部构造较粗糙，耐潮性差，吸水厚度膨胀率较大，湿度较大的环境中易变形和分层，一般不作与地面直接接触或相隔较近的地板材料。

（5）集成材　保持木材天然本色，装饰别具一格，纵向强度高，变形小。

2）人造板地板的品种、特点及质量要求

人造板地板主要是用塑料装饰板、防火板、装饰薄木、PVC 薄膜等材料贴面的地板，如刨花板贴面抗静电木质活动机房用地板。此外，还有用硬质纤维板、薄木和贴面胶合板直接贴于地面的拼花人造板地板。

人造板地板的特点是基材经高温高压处理，变形开裂小，强度高，幅面大，结构均匀，没有实木的节疤、腐朽等缺陷，色差也较小。

5. 竹地板

竹地板如图 1-4 所示。此类地板虽然采用的材料是竹材，但竹材也属于植物类，含有纤维素、木素等成分，所以其材料虽然不是木材，但也归在木地板行列中。另外，还有一种竹木复合地板，这种地板的面层和底层都是竹材，中间为软质木材，通常采用杉木，该类结构的地板不易变形。

(a)

(b)

图 1-4　竹地板

(a) 面层；(b)剖面

竹材的特点是耐磨，密度大于传统的木材。竹地板是经过防虫、防腐处理加工而成的，颜色有漂白和碳化两种。竹地板给人一种天然、清凉的感觉。它与实木地板类似，处理或铺装不好容易变形。竹地板的原料是毛竹，它比木材生长周期要短得多，因此竹地板也是一种十分环保和经济的地板。

近几年开发的竹地板种类很多，按其结构可分为以下几种：三层竹片地板、单层竹条地板、竹片竹条复合地板、立竹拼花地板及竹青地板等。

二、塑料地板

塑料地板具有质轻、尺寸稳定、施工方便、经久耐用、脚感舒适、色泽艳丽美观、耐磨、耐油、耐蚀、防火、隔声及隔热等优点。

塑料地板按所用树脂可分为三大类：聚氯乙烯(PVC)塑料地板、聚丙烯树脂塑料地板和氯化聚乙烯树脂塑料地板。目前，绝大部分塑料地板属于第一类。

塑料地板的生产工艺可分为压延法、热压法和注射法。我国塑料地板的生产大部分采用压延法。

按照制成品供应时的形状，可将塑料地板材料分为卷材和板材。

1. 塑料地板砖

塑料地板砖(又称块状塑料地板)如图 1-5 所示，它具有以下特点。

(1) 色泽选择性强　根据室内设施、建筑用途或设计要求，可任意选择地板颜色，也可采用多种颜色，组合成各种图案。

图 1-5 塑料地板砖

(2) 质轻耐磨　与大理石、水磨石等装饰材料相比，塑料地板砖自重轻、耐磨性好。

(3) 使用性能好　塑料地板砖表面光洁、平整，步行有弹性感且不打滑，防潮性好，不受稀酸碱腐蚀，遇明火后能自熄，不助燃。

(4) 造价低，施工方便　塑料地板砖属于低档产品，造价大大低于大理石、水磨石和木地板；它施工方便，易于在各类场所使用，无论新旧建筑，将地面平整后涂以专用黏合剂，再将地板砖粘贴于地面，一般不需要养护期即可使用。

2. 塑料卷材地板

塑料卷材地板，又称地板革，一般用压延法生产，其成分中填料较少，所含增塑剂比塑料地板砖多。各国的卷材规格不一，我国也有各种规格。塑料卷材地板的材质较软，有一定的弹性，脚感舒适，但其表面耐烟头灼烧不及塑料地板砖。塑料卷材地板如图 1-6 所示，它具有以下特点。

图 1-6 塑料卷材地板

(1) 色泽选择性强　它可仿各种天然材料的图案，如仿柚木镶拼图案，仿软木图案，仿大理石图案，仿粗木图案等。

(2) 使用性能好　它具有耐磨、耐污染、耐蚀、可自熄等特点。发泡塑料地板革还具有优良的弹性，脚感舒适，清洗更换也很方便。

(3) 价格差异大　从低级的单层再生聚乙烯塑料地板到高级发泡印花塑料卷材地板，塑料卷材地板的价格差异较大，可满足不同层次用户的需求。

塑料卷材地板，按照其厚度，可分为厚地板和薄地板；按照其结构，可分为单层塑料地板和多层塑料地板；按照其颜色，可分为单色和复色两种；按照地板的变形能力，可分为软质地板、半硬质地板、硬质地板；按照其底层所用的材料，可分为有底层和无底层两类地板；按其表面的装饰效果来分，又可分为印花地板、压花地板、压印地板、发泡地板、水磨石地板等；按地板内部各种材料的分散特性，则可分为均质塑料地板和非均质塑料地板两类。

我国目前主要生产单层、半硬质塑料地板。

塑料地板的选用主要从以下几个方面考虑：外观质量、脚感要求、耐水性要求、尺寸稳定性、耐磨性要求、耐刻画性要求、耐燃性要求、耐化学药品性、质量稳定性要求、其他性能要求。具体工程塑料地板的选用，应根据使用要求及塑料地板的性能来综合考虑。

总之，从发展上看，大量用于家庭住宅的塑料地板很可能是彩色印花卷材地板，而块状地板则朝功能性方向发展，如耐磨性、抗静电性、难燃性等。

3. 印花发泡塑料地板

这种地板多为一种半硬质的塑料地板，主要原料也是PVC树脂，与一般的塑料地板不同的是，除表面层印花装饰处理外，其中间层为加有2%的AC发泡剂(偶氮二甲酰胺)的PVC糊，在压延加热时形成PVC泡沫层，以提高地板的弹性和隔音、隔热性，基层为石棉纸、无纺布或玻璃纤维布等。

为增加表面印花图案的立体效果，印花发泡塑料地板采用化学压花，即在某一种颜料的印刷油墨中加入发泡抑制剂，印刷后向可发性PVC糊内渗透。这样在发泡时，由于抑制作用，印刷层上一部分不发泡而凹下去，而发泡的凸出来，使图案或花形富有立体感。

印花发泡塑料地板可用于要求较高的民用住宅地面和公共建筑的室内地面。

4. 覆膜彩印PVC地板

为改善塑料地板的防滑性能，在塑料地板的表面彩印层上涂覆透明PVC层后再进行压花处理，就形成了覆膜彩印PVC地板。

5. 其他

(1) 抗静电PVC地板　这种地板在生产配料时选用适当的填料，并掺用抗静电剂及其他附加剂，以使地板具有抗静电功能。它适用于邮电大楼、实验室、计算机房、精密仪表控制车间等的地面铺设。

(2) 防尘地板　这种地板是以PVC树脂为基料，非金属无机材料为填料，内掺有吸湿防尘添加剂制成的。它铺地后具有防尘作用，适用于纺织车间和空气净化要求较高的防尘仪表车间等。

我国生产塑料地板的厂家众多，生产有花色、品种繁多的各类地板，这就为合理选用提供了广泛的空间。地板选择应遵循的原则如下。首先，应依据建筑物的等级和使用功能选用地板。对国家级和省、市级重要建筑物，可选择档次较高、经久耐用的硬质、半硬质多层复合地板；而一般建筑物及民用住宅，可选用半硬质或软质的卷材地板。其次，在花色、图案上要参照建筑物的特性，或富丽堂皇、或高贵肃穆、或淡雅宁静等。总之，地板品种及图案花色的选择，要与建筑物的整体建筑设计和功能相协调，做到既经久耐用，又对建筑物产生恰如其分的装饰效果。

三、板块料

板块料楼地面是指以陶瓷地砖、陶瓷锦砖及预制水磨石、大理石板、花岗石板等板材铺砌的地面。其优点是花色、品种多样，可供选择的图案丰富，强度高、刚度大、经久耐用、易于保持清洁，施工速度快、湿作业量少，因而应用十分广泛。其缺点是造价偏高、工效偏低，弹性、保温、吸声等性能较差。

石材类板块料楼地面实例如图1-7所示。其中，大理石具有斑驳纹理、色泽鲜艳美丽、晶粒细小、结构致密、抗压强度高、吸水率小、抗风化能力较差、硬度比花岗石低等特点，所以可加工能力强，易于雕琢磨光，一般用于大堂、客厅等楼地面和墙柱面室内装饰。放射性达标的花岗石，经常用于墙地面和台阶等部位的装饰。而人造石材因其特有的性能和环保特性，越来越多地应用于室内装饰。

图1-7 石材类板块料楼地面实例

地砖（也称地板砖）常用于人流较密集的建筑物内部地面，如住宅、商店、宾馆、医院及学校等建筑的厨房、卫生间和走廊的地面。下面介绍地砖的特点及其分类。

1. 地砖的特点

(1) 吸水率低　红地砖吸水率不大于8%，其他各色均不大于4%。

(2) 抗冲击强度高　30 g钢球从30 cm高处落下6～8次不破坏地砖。

(3) 热稳定性好　自150 ℃冷至(19±1) ℃，循环三次无裂纹。

(4) 由于地砖采用难熔黏土烧制而成，故其质地坚硬、强度高（抗压强度为40～400 MPa）、耐磨性好、硬度高、耐蚀、抗冻性强。

2. 地砖的分类

陶瓷地砖是以优质陶土为原料，加以添加剂，经制模成型后高温烧制而成的。陶瓷地砖表面平整，质地坚硬、耐磨强度高，行走舒适且防滑，耐酸碱，可擦洗，不退色变形，色彩丰富，用途广泛。陶瓷地砖规格品种繁多，分为亚光、釉光、抛光三类。

近年来，陶瓷地砖产品正向着大尺寸、多功能、豪华型的方向发展。从产品规格角度看，近年出现了许多边长在500 mm左右，甚至大到1 000 mm的大规格地砖，使陶瓷地砖的产品规格接近或符合铺地石材的常用规格。

地砖规格多样，常见的有玻化砖和锦砖。

(1) 玻化砖　玻化砖是随着建筑材料烧结技术的不断发展而出现的一种新型高级地砖。它表面具有玻璃般的亮丽质感，可制作出如花岗石、大理石的自然质感和纹理，其质地密实坚硬，具有高强度、高光亮度、高耐磨度、吸水率小、耐酸碱性强、易清洗等特点，长年使用还不会变色。另外，玻化砖板面尺寸精确平整、色泽均匀柔和、易于加工，适合各种场所的墙面、地面装饰。常用的板面规格有：300 mm×300 mm、300 mm×450 mm、600 mm×600 mm、800 mm×800 mm，厚度为 10～18 mm。

(2) 锦砖　锦砖分陶瓷锦砖和玻璃锦砖两种，如图 1-8 所示。

图 1-8　锦砖

陶瓷锦砖俗称陶瓷马赛克，是以优质瓷土烧制成的小块瓷砖。按其表面性质分为有釉和无釉两种，目前各地的产品多为无釉陶瓷锦砖。这类产品边长小于 40 mm，又因其有多种颜色和多种形状，拼成的图案似织锦，故称作锦砖(什锦砖的简称)。锦砖按一定图案反贴在边长为 305.5 mm 的正方形牛皮纸上，组成一联或一张。陶瓷锦砖具有耐蚀、耐磨、耐火、吸水率小、强度高、易清洗及不退色等特点，可用于工业与民用建筑的清洁车间、门厅、走廊、卫生间、餐厅及居室的内墙和地面装修，并可用来装饰外墙面或横竖线条等处。施工时可以用不同花纹和不同色彩拼成多种美丽的图案。

玻璃锦砖又叫玻璃马赛克，是将石英砂、纯碱与玻璃粉按一定比例混合，加入辅助材料和适当的颜料，经 1 500 ℃高温熔融压制成乳浊制品，最后将单块玻璃锦砖按图案、尺寸反贴于牛皮纸上的一种装饰材料。

玻璃锦砖具有较高的强度和优良的热化学稳定性，还具有表面光滑、不吸水、抗污染、历久常新等特点，其用途较陶瓷锦砖更为广泛，是一种很好的饰面材料。

四、地面涂料

地面涂料的主要功能是装饰与保护室内地面，使地面清洁美观，与其他装饰材料一同创造优雅的室内环境。为了获得良好的装饰效果，地面涂料应具有以下特点：耐碱性好、黏结力强、耐水性好、耐磨性好、抗冲击力强、涂刷施工方便及价格合理等。以下主要介绍适用于水泥砂浆地面的有关涂料品种。

1. 过氯乙烯水泥地面涂料

过氯乙烯水泥地面涂料是我国将合成树脂用作建筑物室内水泥地面装饰的早期材料之一。它是以过氯乙烯树脂为主要成膜物质，掺杂少量其他树脂，并加入一定量的增塑剂、填料、颜料、稳定剂等物质，经捏和、混炼、切粒、溶解、过滤等工艺过程配制而成的一种溶剂型地面涂料。

过氯乙烯水泥地面涂料具有干燥快、施工方便、耐水性好、耐磨性较好、耐化学腐蚀性强等特点。但由于它含有大量易挥发、易燃的有机溶剂，因而在配制涂料及涂刷施工时应注意防火、防毒。

2. 环氧树脂涂料

环氧树脂涂料是以环氧树脂为主要成膜物质的双组分常温固化型涂料。环氧树脂涂料与基层黏结性能优良，涂膜坚韧、耐磨，具有良好的耐化学腐蚀、耐油、耐水等性能，以及优良的耐老化和耐气候性。它的装饰效果良好，是近几年来国内开发的耐蚀地面和高档外墙涂料新品种。

五、人造软质制品

1. 地毯

地毯是一种高档的地面覆盖材料，具有吸声、隔音、弹性与保温性能好、脚感舒适、色泽艳丽、装饰性强、施工及更新方便等特点，给人以温暖、舒适、愉快及华丽高贵的感觉，也使空间显得宁静舒适。

地毯被广泛用于宾馆、住宅等各类建筑中。它既可以用在木地板上，也可以用在水泥等其他地面上，如图1-9所示。

图 1-9 地毯

地毯种类繁多，根据不同的分类依据，可分为不同种类。

1）按图案类型分类

按图案类型分，地毯可分为京式地毯、美术式地毯、仿古式地毯、彩花式地毯、素凸式地毯和时尚地毯等。

京式地毯也称“中国文苑”地毯，其图案是中国各类地毯图案中最享有盛誉的式样，由中间奎龙、四角角云、大小边、花鸟古币、琴棋书画、吉祥如意等纹样组成，讲求格律，寓意祥和，体现着中华民族追求统一、幸福的意愿，如图1-10所示。

美术式地毯取材自法国古典宫廷艺术的式样，结合中国地毯传统构思，雍容华贵、辉煌绚美，纹样多以盛开

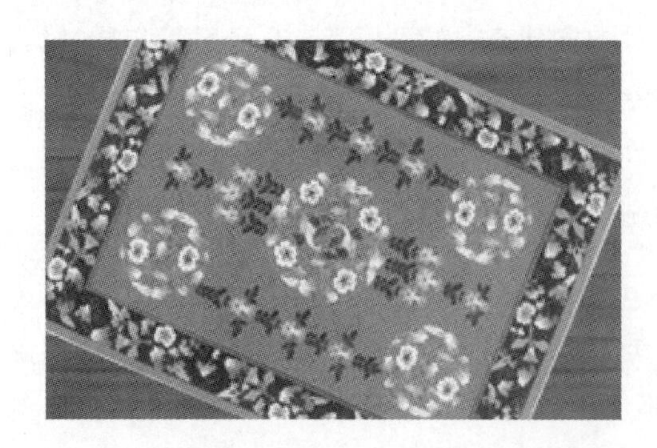

图 1-10　京式地毯

的牡丹、玫瑰花为中央花团,以掌状叶、忍冬花和变形勾叶等花卉为边角,洋溢着富丽堂皇的氛围和幸福浪漫的生活气息,如图 1-11 所示。

图 1-11　美术式地毯

仿古式地毯以古代的花纹图案、风景、花鸟为题材,给人以古色古香、古朴典雅的感觉,如图 1-12 所示。

图 1-12　仿古式地毯

彩花式地毯以黑色为主色,配以小花图案,浮现百花争艳的情调,色彩绚丽、名贵大方。

素凸式地毯色调较为清淡,图案为单色凸花制作,外形美观,犹如浮雕,富有幽静雅致的情趣。

2）按材质分类

按材质分，地毯可分为羊毛地毯、混纺地毯、化纤地毯、橡胶绒地毯、剑麻地毯和塑料地毯。化纤地毯如图1-13所示，橡胶绒地毯如图1-14所示。

图1-13　化纤地毯

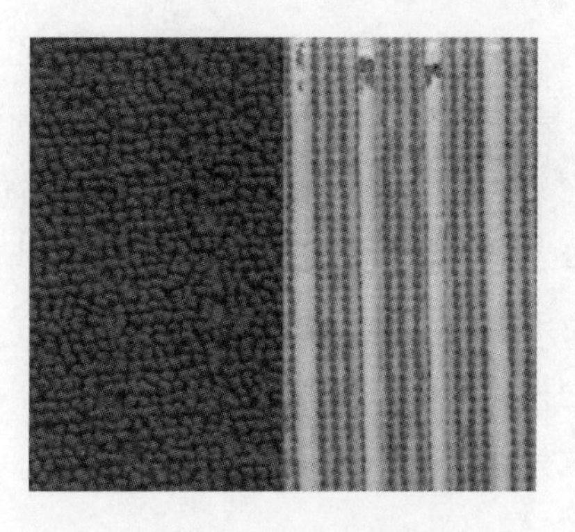

图1-14　橡胶绒地毯

3）按编织结构分类

按编织结构分，地毯可分为手工编织地毯、簇绒地毯和无纺地毯。

另外，地毯的规格如果按尺寸分，又可分为方块地毯和成卷地毯。各类地毯均有自身的特点，选择使用时应综合考虑以下几个性能的要求：耐磨性、回弹性、抗静电性、抗老化性、耐菌性和耐燃性等。

2. 橡胶地毡

橡胶地毡是以天然橡胶或合成橡胶为主要原料，加入适量的填充料加工而成的地面覆盖材料。其可制成单层或双层，或者根据设计制成带各种色彩和花纹的产品。

橡胶地毡具有良好的弹性，双层橡胶地毡的底层如改用海绵橡胶，弹性更好，行走更舒适。橡胶地毡具有良好的耐磨、保温、吸声性能，其表面光而不滑，适用于展览馆、疗养院、阅览室、实验室等。

单元二

地面装饰施工工艺与构造

楼地面构造基本上可以分为两部分，即基层与面层。基层是地面的重要组成部分，基层质量直接影响面层的质量。根据不同的使用要求，面层的构造也各不相同，但无论何种构造的面层，都应具有耐磨、坚固、平整、防水、防潮、不起尘的特性，并有一定的弹性性能和装饰效果。

建筑物的地坪一般是由承受荷载的结构层（基层）、中间层及满足使用和装饰要求的面层三个主要部分组成的。基层承受面层传来的荷载及结构自重，因此，要求基层必须坚固、稳定。中间层，也称为附加结构层，是承受和传递面层荷载的结构层。中间层根据需要又包括以下几种类型。

（1）垫层　即承受并均匀传递荷载给基层的构造层，分刚性垫层和柔性垫层。

（2）找平层　即起到找平作用的构造层。

(3) 隔离层　即用在卫生间、厨房、浴室、洗衣间等房间地面的构造层,能防渗漏并对底层地面起到防潮的作用。

(4) 填充层　即起到隔声、保温、找坡、敷设管道等作用的构造层。

(5) 结合层　即促使上下两层之间结合牢固的媒介层。

(6) 黏结层　即将一种材料粘贴于基层时所使用的黏结材料层,它是在上下层之间起黏结作用的构造层。

通常在施工中,可以把两种或两种以上的附加结构层做成一层。

面层是指人们进行各种活动时与其接触的地面表面层。它直接承受摩擦和洗刷等各种物理和化学作用。根据不同的使用要求,其构造也不同。

从施工工艺的角度进行划分,地面装饰可以分为整体式楼地面、块材式楼地面、木地板地面及人造软质品地面等。以下分别介绍它们的构造与施工工艺。

一、整体式楼地面

整体式楼地面主要包括水泥砂浆楼地面、细石混凝土楼地面、水磨石楼地面、涂布楼地面等。

1. 水泥砂浆楼地面

水泥砂浆楼地面是应用较多的一种传统楼地面,其优点是构造简单、坚固耐久、造价低、能防水、施工简便。不足之处是该种地面如果施工操作不当,易产生起灰、起砂、脱皮等现象。

水泥砂浆楼地面有双层和单层构造之分,如图 1-15 所示。

对于浴室、卫生间等防水要求较高的楼地面,在结构层与装修装饰层之间要加设防水层。

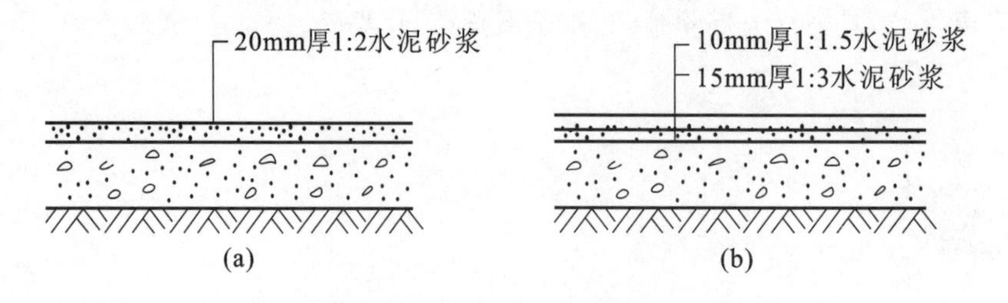

图 1-15　水泥砂浆楼地面面层

(a) 单层;(b) 双层

2. 水磨石楼地面

水磨石是以水泥为胶结料,掺入不同色彩、不同粒径的大理石或花岗石碎石,经过搅拌、成型、养护、研磨等工序而制成的一种具有一定装饰效果的人造石材。其特点是坚固、光滑、耐磨、易清洁、不易起灰、防水抗渗性好,均匀稳定性甚至超过某些天然石,造价比天然石材低。

这种楼地面装饰多用于人流量大、保洁度高及防水性要求较高的场所。

水磨石楼地面按其面层的效果,可分为普通水磨石和美术水磨石。美术水磨石是以白水泥或彩色水泥为胶结料,掺入不同色彩的石子所制成的。

水磨石楼地面的构造,一般分为底层、找平层和面层三部分。底层就是地面层的灰土垫层或是楼面的钢筋混凝土楼板,找平层一般是 10～20 mm 厚的 1∶3 水泥砂浆。通常是基层平整度不够好或标高控制得不好,不得不在基层上再抹一层水泥砂浆;或者地面有一定的坡度要求,这种情况必须做找平层,这时找平层实际上是按设计找坡。

要保证面层的使用质量和装饰效果，应注意其强度、厚度、石子粒径与配比及分格设置等综合因素。面层的厚度根据不同的石子粒径有不同的要求，一般是10～15 mm。

面层中的分格条把整体面层的大块划分为小块，一方面，对于防止由于水泥干缩或结构层变形而引起的面层不规则裂缝有一定作用；另一方面，设计分格条也是装饰效果的需要。镶嵌分格条如图1-16所示。

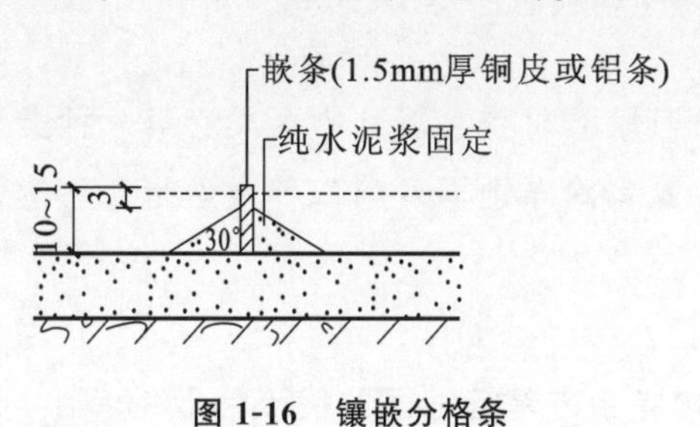

图1-16　镶嵌分格条

水磨石楼地面在首层和楼层的构造做法如图1-17所示。

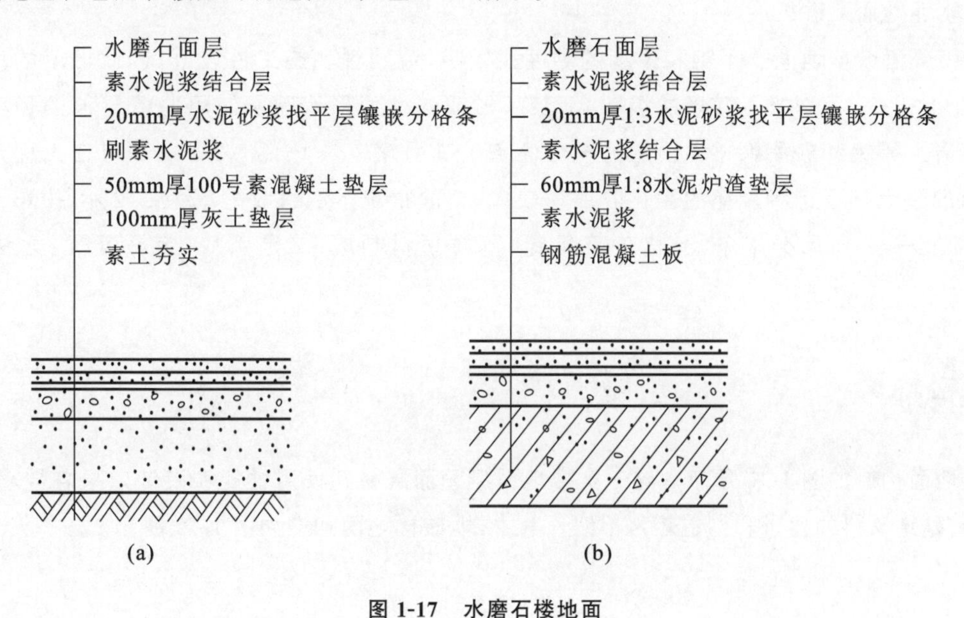

图1-17　水磨石楼地面

(a) 首层；(b) 楼层

3. 涂布楼地面

与传统的楼地面相比，涂布楼地面有效使用年限较短，但其工期短、工效高、造价低、自重轻、维修更新方便。

1）涂料地面

目前国内所使用的涂料地面，包括通常称为地板漆及称为地面涂料的两类产品。

楼地面所用水泥地板漆是具有改善水泥地面使用功能的涂料，一般有过氯乙烯和聚乙烯醇缩丁醛水泥地板漆等。

地面涂料是为了改善地板漆与水泥地面的黏结性能，并降低生产成本而发展起来的地面涂饰材料，如过氯乙烯地面涂料、苯乙烯地面涂料等。

过氯乙烯地面涂料具有一定的抗冲击强度、硬度、耐磨性、附着力和抗水性，此种涂料施工方便，涂膜干燥快。

苯乙烯地面涂料是以苯乙烯焦油为基料，经选择熬炼处理，加入填料、颜料、有机溶剂等材料配制而成的溶剂型地面涂料。这种地面涂料黏结力强、涂膜干燥快，有一定的耐磨性和抗水性，还具有一定的耐酸碱性能。

2) 涂布无缝地面

涂布无缝地面主要是由合成树脂代替全部或部分水泥，再加入填料、颜料等搅拌混合，在现场涂布施工，硬化以后形成的整体无接缝地面。它的突出特点是无缝，易于清洁，并具有良好的物理力学性能。它与地面涂料的主要区别在于，地面涂料以涂刷方式施工，所形成的涂层较薄；而涂布无缝地面则是以涂布的方式施工，涂层较厚。

目前使用的涂布无缝地面，根据其胶凝材料可以分为两类。第一种类型是单纯以合成树脂为胶凝材料的溶剂型合成树脂涂布地面，或称之为塑料涂布地面。第二种类型是以水溶性树脂或乳液与水泥复合组成胶凝材料的聚合物水泥涂布地面。

下面详细介绍两类塑料涂布地面。

(1) 环氧树脂涂布地面　环氧树脂涂布无缝地面的优点是收缩率小，而且发生收缩时树脂尚处在胶凝阶段，还有一些流动性，能够适应收缩变形的需要。它的另一个优点是与水泥或混凝土基层的黏结力很强，因而适用于在新老水泥地面上进行涂刷。

(2) 不饱和聚酯涂布地面　不饱和聚酯的黏度比较小，流动性和施工性较好，因此形成的地面表面平整光滑，并且由于黏度小，可以加入较多的填料，而最后形成的地面形状因所使用的填料种类和填料用量不同也有很大的差异。不饱和聚酯涂布地面的另一个优点是其固化较快，一般 72 h 后即可在上面走动。不饱和聚酯涂布地面的缺点是不饱和聚酯的固化收缩率较大，一般情况下的线收缩率为 0.2%～0.5%。解决这一问题有两个办法：一是加用分格条，分格条可用铝、铜或塑料制成；二是用“打底悬浮”的方法来解决这一问题。

二、块材式楼地面

块材式楼地面构造如图 1-18 所示。这一类楼地面尽管面层材料使用性能和装饰效果各异，但其基层处理和中间找平层、黏结材料的要求和构造较为相似。其中，地砖楼地面构造如图 1-19 所示。

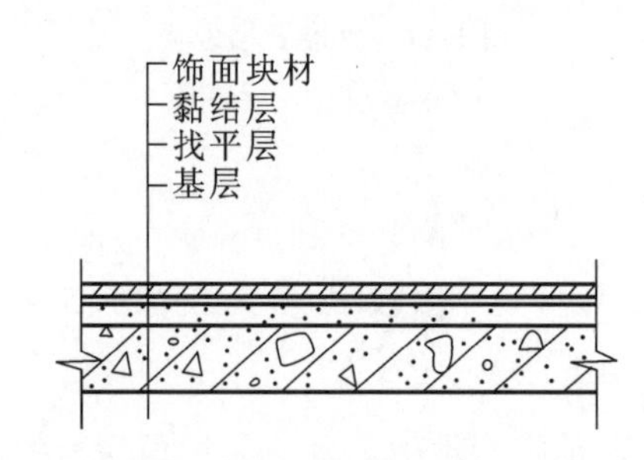

图 1-18　块材式楼地面构造示意图

花岗石、大理石地面都是由基层、垫层和面层三部分组成的。其楼地面构造如图 1-20 所示。

块材式楼地面的施工工艺流程为：弹线、找规矩—排砖—贴砖饼—铺贴地砖—勾缝—清理。

(1) 弹线、找规矩　测量基准线时，可以根据勾股定理，从两条直线的交点向两方向分别测出 3 m 和 4 m 处两点，如果两点距离为 5 m，则两条线垂直。如果铺贴面积较小，则可以分别测 1.2 m 和 1.6 m，两点距离为 2 m 即可。

(2) 排砖　排砖时需注意砖的色差，同一房间最好用同一批号的砖，非整砖在同一方向排列不能大于一行，

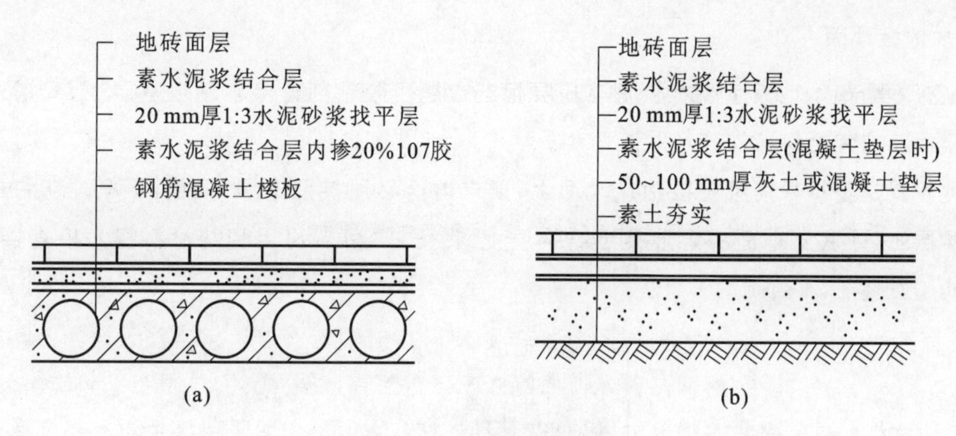

图 1-19　地砖楼地面构造

（a）楼地面；（b）地面

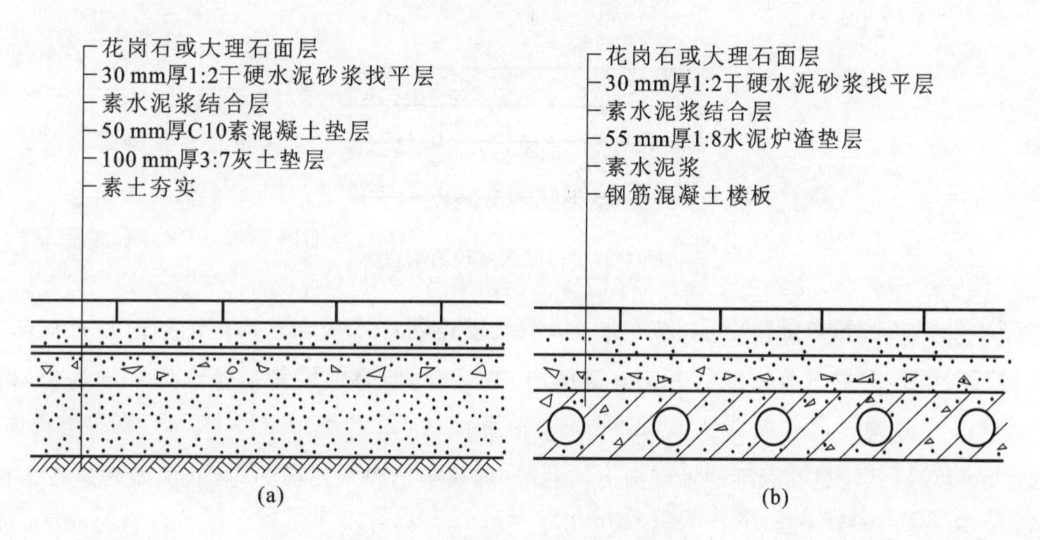

图 1-20　大理石、花岗石楼地面构造

（a）地面；（b）楼地面

且应该放在较容易隐藏的一侧。

（3）贴砖饼　按照已确定的厚度，在基准线的两端，各做一个砖饼，以 5 cm 见方，砂浆的厚度在 2 cm 以上为宜。

（4）铺贴地砖　通常从两条基准线的结合部开始铺贴基准砖。先在水泥地面上刷一遍水灰比为 4～5 的素水泥浆，要求刷均匀，且随刷随铺，把已搅拌好的干硬性砂浆铺在地面上，以“手握成团，落地开花”为宜。然后，用橡皮锤轻轻敲打，防止出现空鼓。在地砖的粘贴面均匀涂抹素水泥浆，然后铺贴在已准备好的砂浆上，用橡皮锤轻轻在中间部位敲打，并用水平尺测量地砖的平整度。基准砖铺好后，用同样的铺贴方法，依次铺贴地砖。

（5）勾缝　用调好的勾缝剂将砖缝压实勾匀。

三、木地板地面

按照木地面面层板条的规格和组合方式，木地板地面可以分为条板面层和拼花面层两类。按照构造方式和施工方法的不同，木地板地面又可分为实铺式木地板地面、空铺式木地板地面和浮铺式木地板地面三类。

1. 实铺式木地板地面

实铺式木地板地面指木地板通过木搁栅与基层相连或是用胶粘剂直接粘贴在基层上，实铺式一般用于两层以上的干燥楼面。它包括钉接法和粘贴法两种。

粘贴式木地面就是将地板用胶直接粘在地面上，要求地面必须特别干燥、平整、干净。粘贴式木地面是在钢筋混凝土结构层上(或底层地面的素混凝土结构层上)做好找平层，再用黏结材料将木板直接贴上制成的。粘贴式木地面构造如图 1-21 所示。

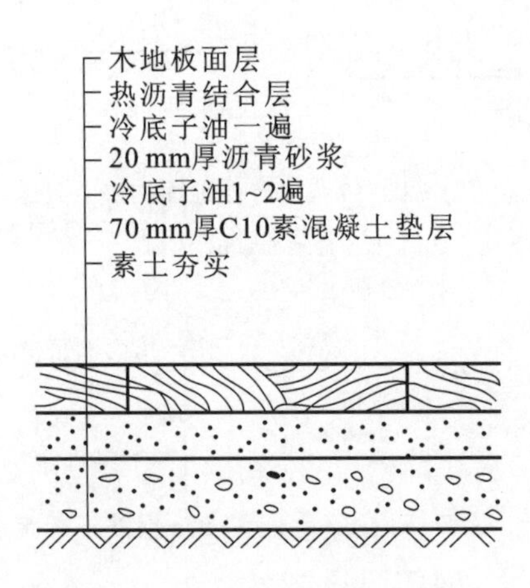

图 1-21　粘贴式木地面构造

粘贴式硬木地板构造要求铺贴密实、防止脱落，为此要控制好木板含水率(不大于 10%)，基层要清洁。木板还应做防腐处理。粘贴式硬木地板占空间高度小、较经济，但弹性较差。若选用软木地板，则地面弹性较好。

钉接式木地面单层做法是在固定的木搁栅上，铺钉一层长条形硬木面板即可；双层做法是在木搁栅上先铺钉一层软质木毛板，然后在其上再铺钉一层硬木面板。

钉接式木地板宜选用质地硬、耐磨性好、纹理清晰美观、有光泽、无节疤、不易变形、不易开裂的优质木材。常用的有水曲柳、柞木、柚木、檀木、榆木、南洋榉木等。要求至少自然干燥一年，或经过烘干和脱脂处理。

实铺式木地板地面施工工艺流程为：基层处理—木搁栅—铺毛板—铺面板—封踢脚板。

(1) 基层处理　实铺式木基层是将木搁栅直接固定在基层表面上，而不像架空式木基层那样，需用地垄墙(或砖墩)进行抬架。施工时，首先要检查基层表面的平整度，凹凸不平的用水泥砂浆找平；平整度符合要求以后，再进行弹线，也就是测量木搁栅的位置线。

(2) 木搁栅　木搁栅是楼地面的支撑骨架，起着固定和架空作用。木搁栅的材质一般为松木、杉木等，含水率要求同毛板。木搁栅的作用主要是固定和承托面层。另外，它能减少人在地板上行走时产生的空鼓声，并且改善保温隔热效果。为了防腐耐久，木搁栅和垫块在使用之前应进行防腐处理，可采用浸润防腐剂或在表面涂刷防腐剂的办法。

(3) 铺毛板　毛板的作用是加强楼地板面层的承载力及增大其弹性。材质上一般选用较软的松木、杉木等。铺钉毛板要在保温、隔声材料干燥后进行。毛板与木搁栅成 30°～45°夹角，如果采用人字拼花楼地面时也可与木搁栅垂直铺设。板间缝隙为 3～5 mm，板心向下，表面刨平，四周离墙 10～20 mm。

(4) 铺面板　木楼地面面层固定方法有暗钉法和粘贴法两种。暗钉法又可分为单层钉接式和双层钉接式两种，单层钉接式是将面板直接钉在基层木搁栅之上，而双层钉接式是将面板钉在基层毛地板上。粘贴法是将面板直接粘贴在基层毛地板上，粘贴法采用的胶粘剂有石油沥青、聚氨酯等。

木地板的拼缝形式一般有四种，即裁口缝、平头接缝、企口缝和错口缝。在一些较为高档的实铺式木地板做法中，还有板条接缝等做法，如图 1-22 所示。

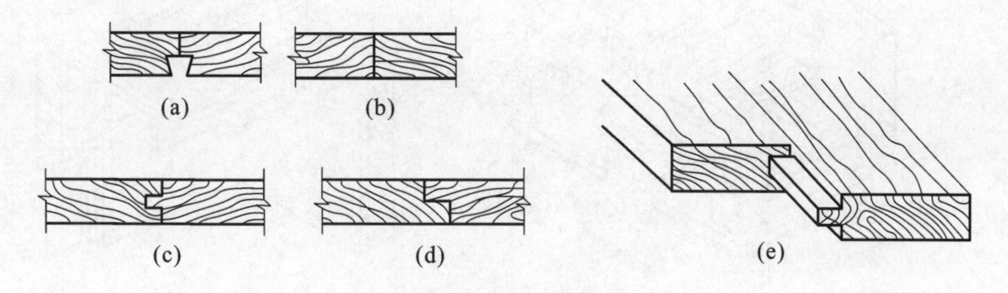

图 1-22　木地板的拼缝形式

(a) 裁口缝；(b) 平头接缝；(c) 楔口缝；(d) 错口缝；(e) 板条接缝

实铺式木地板地面的装饰构造如图 1-23 和图 1-24 所示。

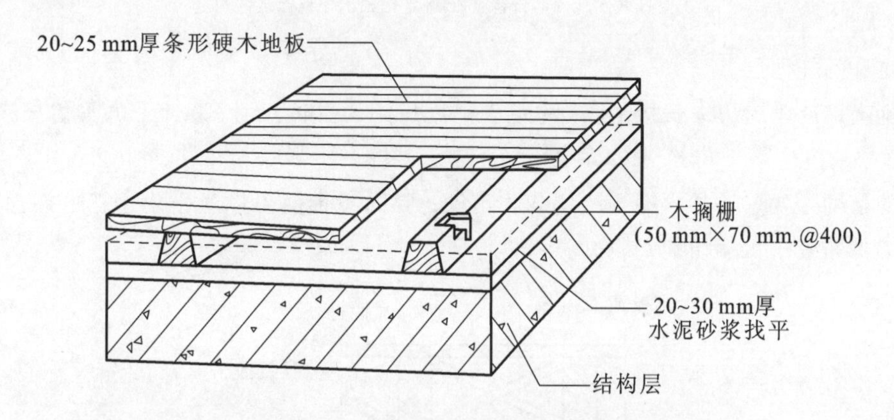

图 1-23　单层实铺式木地面装饰构造

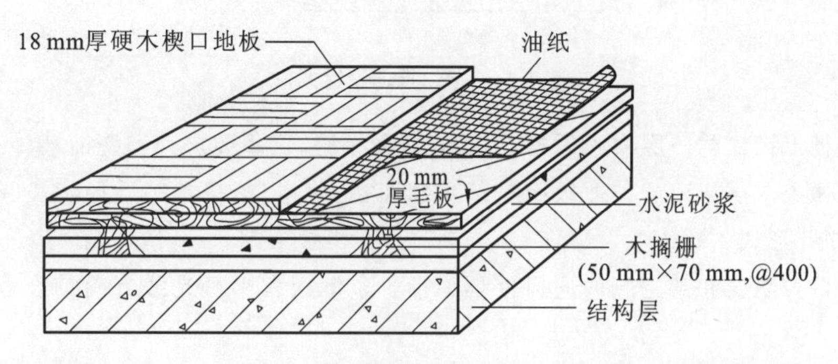

图 1-24　双层实铺式木地面装饰构造

(5) 封踢脚板　在木地面与墙的交接处，应用踢脚板及压缝条加以封盖。木搁栅与砖墙接触的部位也应进行防腐处理。

2. 空铺式木地板地面

空铺式木地板地面是指木地板通过地垄墙（或砖墩）或钢木结构支架等架空以后再安装，一般用于平房、底层房间较为潮湿的地面及地面铺设管道等需要将木地板架空的情况。

空铺式木地面基层包括地垄墙（或砖墩）、垫木、木搁栅、剪刀撑及毛地板等几个部分，如图 1-25 所示。

地垄墙一般采用红砖砌筑，其厚度应根据架空的高度及使用条件来确定。垫木的厚度一般为 50 mm。木

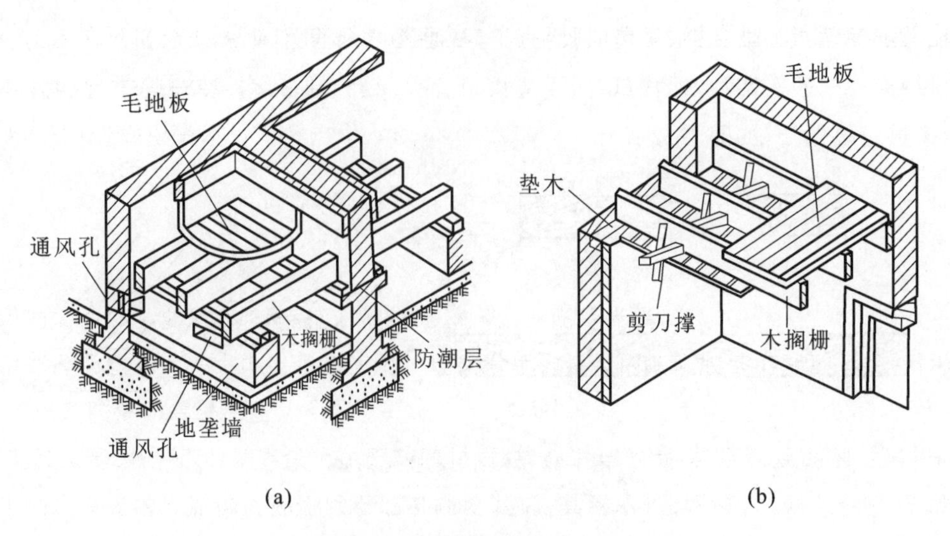

图 1-25　空铺式木楼地面构造

(a) 空铺式木地面装饰构造;(b) 空铺式木楼地面装饰构造

搁栅的作用是固定和承托面层。

木搁栅是与地垄墙成垂直方向安放的,其间距应根据房间的具体尺寸、设计上的具体要求来确定,一般为 400 mm。

设置剪刀撑的目的主要是增加木搁栅的侧向稳定性;另外,设置剪刀撑对于木搁栅的翘曲变形也起了一定的约束作用。剪刀撑布置于木搁栅之间,如图 1-26 所示。

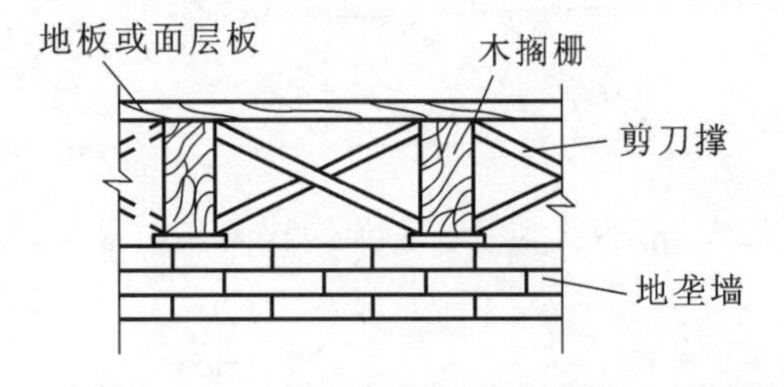

图 1-26　剪刀撑的设置方法

毛地板是在木搁栅上铺钉的一层窄木板条,要求其表面平整,但不要求其密缝衔接。

空铺式木地板可做成单层或双层。面板经常选用水曲柳、柞木、核桃木等质地优良、不易腐朽开裂的硬木材制作,可以有多种拼花形式。

空铺式木地板要做好防腐和架空层的通风处理。铺长条地板宜平行光线方向铺设,走道则应平行行走方向铺设。

空铺式木楼地面因为弹性好,故在舞台、练功房、比赛场等处广泛采用。弹性木地板构造上分衬垫式和弓式两种。衬垫式是用橡皮、软木、泡沫塑料或其他弹性好的材料做垫层,衬垫可以做成一块一块的,也可以做成通长条形的。弓式有木弓和钢弓两种。

3. 浮铺式木地板地面

这是针对强化木地板或强化复合木地板的一种铺设方法,铺设的时候地板和地面不需要胶或是钉子来进行固定,地板块之间采用楔口咬接就可以连接牢固,直接浮铺并且整体铺设在地面基层上。

此铺设方法适用于实木复合木地板和复合木地板。复合木地板具有质轻、规格统一的特点,便于施工安装,可节省工时及费用。它的强度大,弹性好,富有脚感,可在除浴室外的任何空间使用,装饰效果温馨、典雅。

浮铺式木地板地面的施工工艺:基层处理—铺底垫—铺木地板—安装踢脚板—清理。

复合木地板的铺装基层要求干净、干燥、稳定、平整，底垫可以提高复合木地板的弹性和防水性，或是减少行走时产生的噪声。

安装踢脚板，可以采用直接钉接、胶粘剂粘贴法，或是卡槽连接法。

四、人造软质制品地面

1. 地毯

地毯的铺设，如果从固定地毯的方法上分类，可分为固定式铺设和活动式铺设两种。就铺设范围而言，又有满铺和局部铺设之分。满铺可以选择固定与活动式两种形式。局部铺设一般采用固定式。

1）活动式铺设

活动式铺设是指将地毯浮搁在基层上，不需将地毯同基层固定，四周沿墙角修齐的一种铺设。这种铺设方式简单，容易更换。一般适用于以下几种情况。

(1) 装饰性的工艺地毯一般采用活动式铺设，因为大部分装饰性地毯属于工艺地毯，主要是起装饰作用。

(2) 方块地毯一般是不加任何固定的，平放在基层上即可。

(3) 在人活动不是很频繁的部位，采用活动式铺设。

(4) 有其他附带固定办法时，采用活动式铺设。

2）固定式铺设

地毯是一种柔软的地面饰面材料，大部分较轻。当平铺于地面时，由于受到人行走时的外力作用，会使柔软的地毯表面发生变形，甚至被卷起，既影响美观也影响使用。所以，对于绝大部分地毯地面来说，在舒展拉平后，需将地毯固定，使其不再变形，这就是固定式铺设地毯。

固定式铺设地毯的施工工艺流程为：基层处理—弹线、套方、分格、定位—地毯剪裁—钉倒刺板挂毯条—铺设衬垫—铺设地毯—细部处理。

(1) 基层处理　地毯铺设对基层的主要要求是平整，底层地面基层应做防潮处理。铺设地毯的房间踢脚板应做好，踢脚板下口均按施工工艺要求离开地面 8 mm 左右，以便将地毯毛边掩入踢脚板下。

(2) 弹线、套方、分格、定位　要严格按照设计图样的具体要求对各个不同部位和房间进行弹线、套方、分格。如果图样没有要求，应对称找中并弹线来定位铺设。

(3) 地毯剪裁　剪裁地毯时，每段地毯的长度应比房间长出 20 mm 左右，宽度要以裁出地毯边缘线后的尺寸计算。

(4) 钉倒刺板挂毯条　固定式铺设方法又分两种，一种是用挂毯条固定，另一种是用胶粘剂固定。采用挂毯条固定，一般是在地毯的下面加设垫层，垫层有波纹状的海绵薄垫和杂毛毡垫两种，常用的挂毯条为铝合金挂毯条。挂毯条也可以用自行制作的简易倒刺板来代替。倒刺板是一种简易的挂毯条的形式，可以自行制作，在胶合板上平行地钉两行钉子即可，它既可以用来固定地毯，又可以起到挂毯收口的作用。钉倒刺板挂毯条时，沿房间四周踢脚板边缘，用高强度水泥钉将倒刺板钉在基层上（钉朝向墙的方向），其间距约为 400 mm，倒刺板应离开踢脚板 8～10 mm，以便于钉牢倒刺板。

(5) 铺设衬垫　采用点粘法将衬垫刷上聚酯酸乙烯乳胶，粘在地面基层上，且要离开倒刺板 10 mm 左右。

(6) 铺设地毯　先将裁好的地毯缝合起来，然后将地毯的一条长边固定在倒刺板上，毛边掩到踢脚板下，再用地毯撑子拉伸地毯。拉伸时，用手压住地毯撑，用膝撞击地毯撑，从一边一步一步推向另一边，如一遍未能拉平，应重复拉伸，直到拉平为止。然后将地毯固定在另一条倒刺板上，掩好毛边，用裁割刀割掉伸出的地毯。一个方向拉伸完毕，再进行另一个方向的拉伸，直到四个边都固定在倒刺板上。地毯固定示意图如

图 1-27 所示。

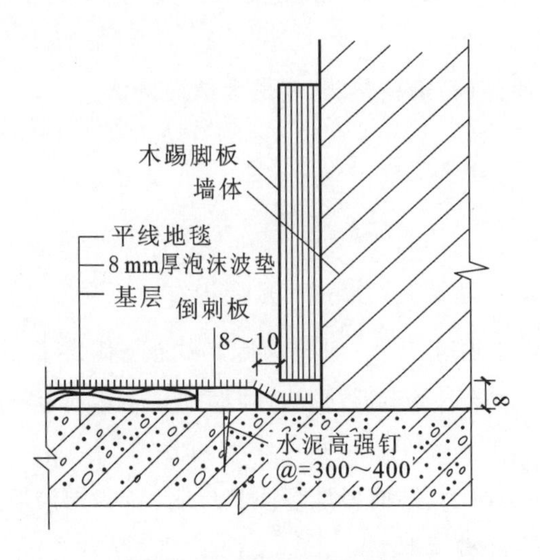

图 1-27　地毯固定示意图

(7) 细部处理　地毯接缝、两种不同材质的地毯相接、室内地面有高度差的部位收口、地面与墙面转接接头、楼梯踏步转角处、门槛交接处等的具体处理，都是细部处理，如图 1-28 所示。

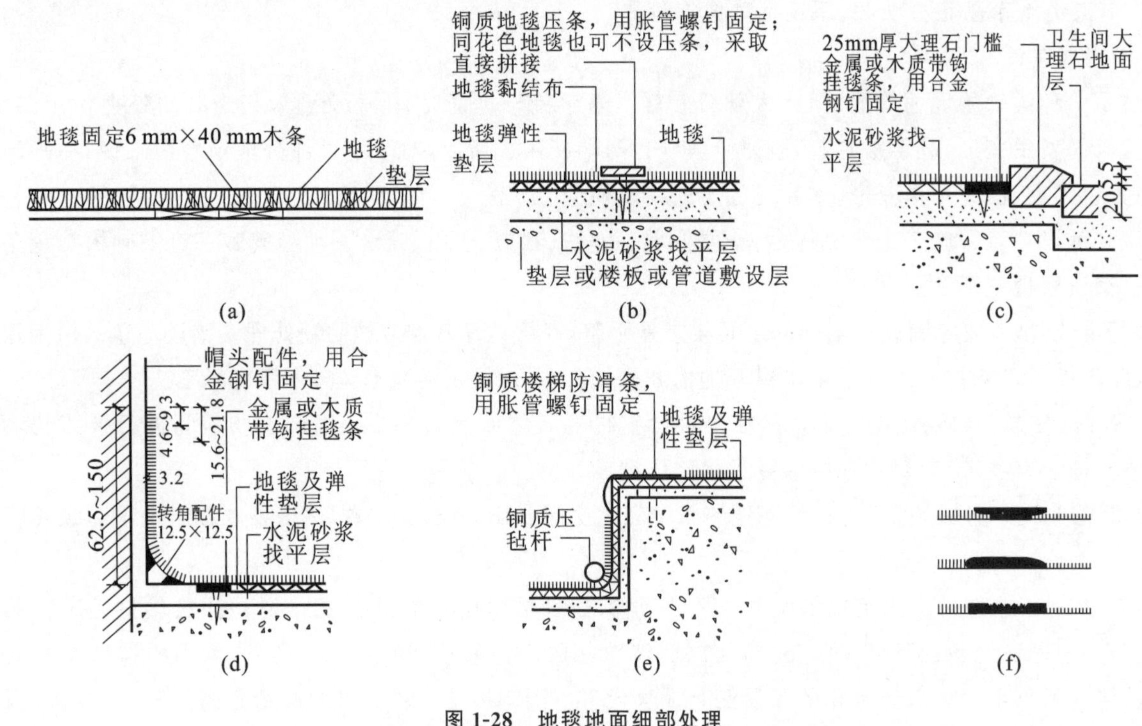

图 1-28　地毯地面细部处理

(a) 地毯接缝处理；(b) 不同材质地毯相接处理；(c) 地面有高度差的部位收口处理；

(d) 地面与墙面转接接头处理；(e) 楼梯转角处理；(f) 门槛交接处理

2. 塑料地板

塑料地板楼地面构造如图 1-29 所示。塑料地板铺贴工艺为：基层处理—铺贴—细部处理。

(1) 基层处理　塑料地板基层一般为水泥地面，铺贴时要求水泥地面基层干燥、平整，无凸起和凹陷。

(2) 铺贴　塑料地板的铺贴方式有两种。一种方式是直接铺贴，适用于人流量小及潮湿房间的地面。采用拼焊法可将塑料地面接成整张地毡，空铺于找平层上，四周与墙身留有伸缩缝，以防地毡热胀拱起。另一种方

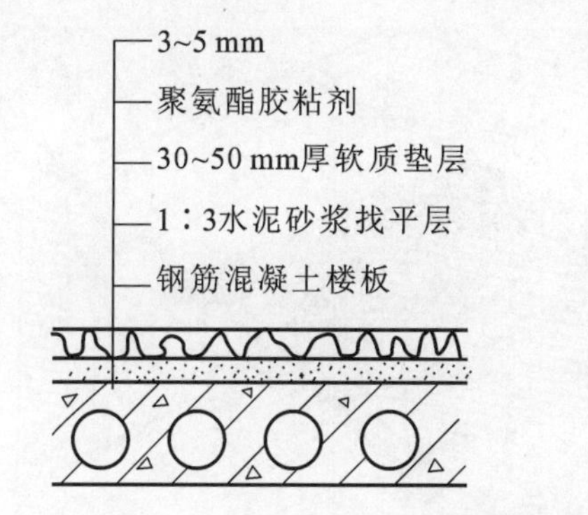

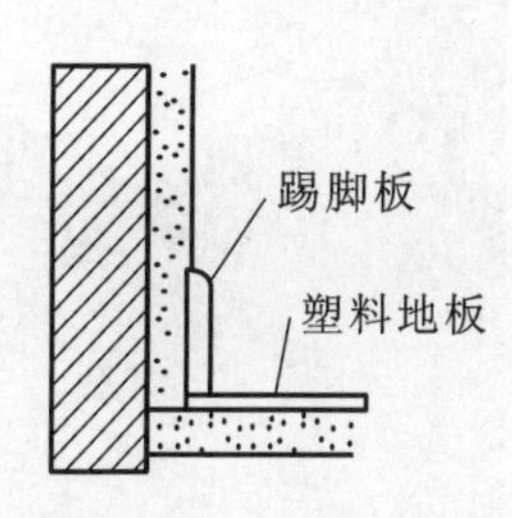

图 1-29 塑料地板楼地面构造

式是胶粘铺贴，主要适用于半硬质塑料地板。半硬质塑料地板铺贴的主要工艺为：弹线、分格、定位—塑料地板脱脂除蜡—试铺—裁切、涂胶—铺贴—滚压和清理—养护打蜡。

(3) 细部处理 包括塑料地面接缝、两种不同材质间相接、室内地面有高度差的部位收口、地面与墙面转接接头、楼梯踏步转角处、门槛交接处等的具体处理。

3. 橡胶地毡

橡胶地毡地面施工时首先应进行基层处理。要求水泥砂浆找平层平整、光洁，无突出物、灰尘、砂粒等。橡胶地毡含水量应在 10%以下。

施工时应先根据设计图案进行预排和选料，然后进行画线定位，通常大房间可呈十字形放线，从中间往四面铺开，小房间则多从房间内侧向房间外侧铺贴。

4. 变形缝

楼地面变形缝一般对应建筑物的变形缝设置，并贯通于楼地面各层，缝宽在面层不小于 10 mm，在混凝土垫层不小于 20 mm。对变形缝要精心处理，特别是抗震缝要求更高一些。整体面层地面和刚性垫层地面，在变形缝处断开，垫层的缝中填充沥青麻丝，面层的缝中填充沥青玛蹄脂或加盖金属板、塑料板等，并用金属调节片封缝。

另外，建筑装饰中不同房间的楼地面或同一房间内楼地面的不同部位采用不同材质时应考虑其装饰构造的处理，以免产生起翘或参差不齐的现象。不同材质楼地面的交接处应采用较坚固材料作为边缘构件，以便于过渡交接处理。

五、特殊地面

特殊地面应用较广，常见的有防漏电地面、放射性物质操作室地面、防腐蚀地面、防滑地面、机房双层结构地面及体育馆地面等。

在电子计算机机房、电传打字室、广播室、电话交换室、电气控制室等处的楼地面，要求在地面下自由布线及施工空调管道时，就必须是双层结构地面，即地面安装活动地板，如图 1-30 所示。其板材经过特殊加工后，也具有抗静电的特殊功能。

活动夹层地板是一种新型的楼地面结构，是由各种装饰板材经高分子合成、胶粘剂胶合而成的活动木地板、抗静电特性的铸铅活动地板及复合抗静电活动地板等，配以龙骨、橡胶垫、橡胶条和可供调节的金属支架等组成。

活动地板按面板材质可分为两类：一类是复合贴面活动地板，另一类是金属活动地板。

图 1-30 活动夹层地板

全钢防静电活动地板采用优质合金冷轧钢板，经拉伸后点焊成型。其外表经磷化后进行喷塑处理，内腔填充发泡填料，上表面粘贴高耐磨防火高压层板或 PVC 板，四周镶嵌导电边条。

安装活动地板时要先将地面清洗干净、修理平整，按面板尺寸弹网格线，网格的交叉点上安放可调支架，架设桁条，调整水平度，摆放活动面板，调整缝隙，面板与墙面的缝隙用泡沫塑料条填实。

支架有拆装式支架、固定式支架、卡锁搁栅式支架和刚性龙骨式支架四种，如图 1-31 所示。

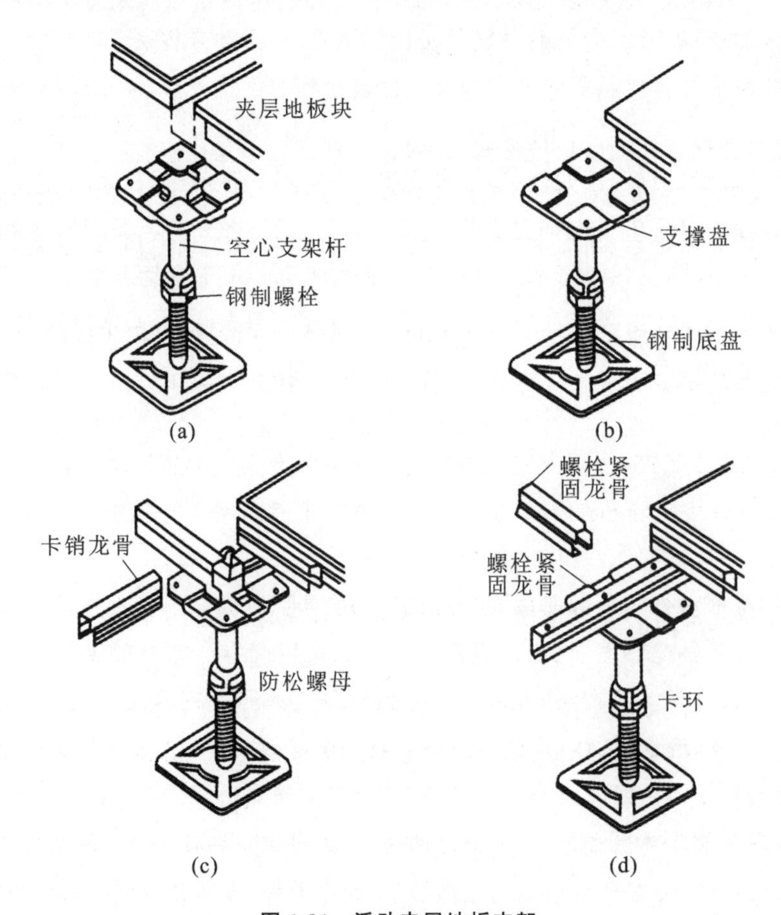

图 1-31 活动夹层地板支架

(a) 拆装式;(b) 固定式;(c) 卡锁搁栅式;(d) 刚性龙骨式

思考与练习

1. 参观、收集各类地面装饰的装饰材料，并说出其所用材料的特性。
2. 简述新材料与新工艺对地面装饰设计的影响。
3. 临摹几种典型的地面装饰构造图及细部节点详图。
4. 简述各种地面装饰施工做法的原理及特点。
5. 自选材料设计地面形式，写出相应的施工工艺，并绘制相应构造图。
6. 继续关注、收集不同的地面装饰材料信息，了解其施工工艺。

项目二
墙面装饰材料及施工工艺

ShiNeiZhuangShi
CaiLiao Yu GouZao（DI-ERBAN）

教学目标

最终目标:(1) 熟悉墙面常用装饰材料的基本性能和规格;

(2) 掌握常见墙面装饰的施工工艺和构造;

(3) 了解常见墙面装饰的构造做法,能够准确快速识读构造图。

促成目标:(1) 能在设计中正确选用材料,能够灵活运用不同的材料和选择不同做法来实现设计意图;

(2) 能够绘制常见的墙面装饰节点构造图。

工作任务

(1) 学习常用的墙面装饰材料;

(2) 掌握常见墙面装饰的施工工艺;

(3) 识读并临摹常见墙面装饰构造图。

活动设计

1. 活动思路

从设计和施工的角度出发,学生应了解目前常用装饰材料的基本性能、特征及规格;通过多媒体图例和样板间样品,系统学习常用墙面装饰材料;同时,通过对施工工艺视频资料学习和构造实训室的实际操作,结合施工现场观摩、考察,学生应对墙面材料及其施工工艺与构造有一个完整的感知,并能应用于实践中。

2. 活动组织

活动组织如表 2-1 所示。

表 2-1 活动组织

序号	活动项目	具体实施	课时	课程资源
1	墙面装饰常用材料及性能	理论讲授和讨论分析	2	多媒体、材料样品
2	墙面装饰常用材料及性能	辅导与讨论分析	2	材料展示样板间、材料构造样板间
3	墙面施工工艺	辅导与讨论分析	2	多媒体、视频资料
4	墙面装饰构造的分类	理论讲授和讨论分析	2	多媒体
5	工地观摩	考察与讲解	2	工地

3. 活动评价

评价内容为学生作业;评价标准如表 2-2 所示。

表 2-2 评价标准

评价等级	评价标准
优秀	能够选用合适的材料设计墙面形式,写出相应的施工工艺,并绘制相应构造图。设计新颖,施工工艺合理可行,且能够合理利用材料的特性和装饰构造的原理
合格	能够选用合适的材料设计墙面形式,写出相应的施工工艺,并绘制相应构造图。设计普通,施工工艺基本合理可行,基本能够利用材料的特性和装饰构造的原理
不合格	能够设计墙面形式,写不出相应的施工工艺,绘制不出相应构造图;对墙面装饰材料的特性和装饰构造原理掌握不够

墙面装饰是室内设计中的重要部分,是最先进入并长期作用于人的视线的部分。

单元一

墙面装饰材料

墙面装饰材料多种多样，如木饰面板、装饰薄木、装饰人造板、金属装饰板、合成装饰板、塑料装饰板、壁纸、内墙涂料、块材、纸面石膏板等。

一、木饰面板

装饰内墙面的木饰面板，一般有薄木装饰板和木质人造板两种。

薄木装饰板主要由原木加工而成，经选材干燥处理后用于装饰工程中，如胶合板和细木工板。

1. 薄木装饰板

1）胶合板

胶合板的主要特点是：板材幅面大，易于加工；板材的纵向和横向抗拉强度和抗剪强度均匀，适应性强；板面平整，吸湿变形小，避免了木材开裂、翘曲等缺陷；板材厚度可按需要加工，木材利用率较高。

胶合板的层数应为奇数，可以分为三夹板、五夹板、七夹板和九夹板，最常用的是三夹板和五夹板。厚度为2.7 mm、3.0 mm、3.5 mm、4.0 mm、5.0 mm、5.5 mm、6.0 mm等，自6 mm起按1 mm递增，厚度小于4 mm的为薄胶合板。板面常用规格为1 220 mm×2 440 mm。

胶合板在室内装饰中可用作顶棚面、墙面、墙裙面、造型面，也可用作家具的侧板、门板，以及用厚夹板制成板式家具。胶合板面上可油漆成各种颜色的漆面，可裱贴各种墙布、墙纸，可粘贴塑料装饰板或喷刷涂料。一等品胶合板可用作较高级建筑装饰、中高级家具、各种电器外壳等制品。

2）细木工板

细木工板属于特种胶合板的一种，芯板用木材拼接而成，两面胶粘一层或两层单板。细木工板具有轻质、防虫、不腐等优点，其表面平整光滑、表里如一，隔音性能好、幅面大、不易变形。它适用于中高档次的家具制作、室内装饰、隔断等。板面常用规格为1 220 mm×2 440 mm。

3）纤维板

纤维板是以植物纤维（如稻草、玉米秆、刨花、树枝等）为主要原料，经破碎、浸泡、研磨成木浆，再加入一定的胶料，经热压成型、干燥等工艺制成的一种人造板材。纤维板按体积密度分为硬质纤维板、中密度纤维板和软质纤维板；按表面情况可分为一面光板和两面光板两种；按原料分为木材纤维板和非木材纤维板两种。

2. 木质人造板

木质人造板是利用木材、木质纤维、木质碎料或其他植物纤维为原料，加胶黏剂和其他添加剂制成的板材。

1）木工板

木工板为现在室内装饰和家具制作的主要用材，由上下两层夹板和中间小块木条连接而成。板面常用规格为 1 220 mm×2 440 mm。

2) 竹胶合板

竹胶合板是用竹材加工余料层压而成的,其硬度为普通木材的 100 倍,抗拉强度是木材的 1.5～2 倍,它具有防水防潮、防腐防碱等特点。板面常用规格为 1 800 mm×960 mm、1 950 mm×950 mm、2 000 mm×1 000 mm。

3) 刨花板

刨花板也称碎料板,它是将木材加工剩余物、小径木、木屑等,经切碎、筛选后拌入胶料、硬化剂、防水剂等热压而成的一种人造板材。刨花板中木屑、木块等结合疏松,不宜用钉子钉,因此一般用木螺丝和小螺栓固定。

4) 木丝板

木丝板也叫木丝水泥板或万利板,它是把木材的下脚料用机械刨成木丝,经过化学溶液的浸透,然后拌和水泥,入模成型,再加压、热蒸、凝固、干燥而成。其主要优点是防火性高、本身不燃烧,质量小、韧性强、施工简单,不易变质,隔热、隔音、吸声效果好,表面可任意粉刷、喷漆和调配颜色,装饰效果好。

木丝板主要用作天花板、门板基材,家具装饰侧板、石棉瓦底材、屋顶板用材,也可用于广告或浮雕等。其底板常用规格是:长度为 1 800 mm～3 600 mm,宽度为 600 mm～1 200 mm,厚度为 4 mm、6 mm、8 mm、10 mm、12 mm、16 mm、20 mm 等。

5) 蜂巢板

蜂巢板是以蜂巢芯板为内芯板,表面再用两块较薄的面板(如夹板等)牢固地黏结而成的板材。蜂巢板抗压力强、热导率低、抗震性好、不变形、质轻、有隔音效果,表面进行防火处理后可用作防火隔热板。它主要用作装饰基层、活动隔音板、厕所隔间、天花板及组合式家具。蜂巢板施工时应特别注意收边处理及表面选材。

二、装饰薄木

装饰薄木是木材经过一定的处理或加工后,再经精密刨切或旋切,厚度一般小于 0.8 mm 的表面装饰木材。它的特点是具有天然纹理或仿天然纹理,格调自然大方,可方便地剪切和拼花。装饰薄木有很好的黏结性,可在大多数材料上粘贴装饰,是家具、墙地面、门窗、人造板、广告牌等效果极佳的装饰材料。

装饰薄木有几种分类方法:按厚度不同,可分为普通薄木和微薄木;按制造方法不同,可分为旋切薄木、半圆旋切薄木和刨切薄木;按花纹不同,可分为径向薄木和弦向薄木;最常见的是按结构形式分类,分为天然薄木、集成薄木和人造薄木。

1. 天然薄木

天然薄木是采用珍贵树种,经过水热处理后刨切或半圆旋切而成的。它与集成薄木和人造薄木的区别在于木材未经分离和重组,因此也不加入其他如胶黏剂之类的成分,是名副其实的天然材料。此外,它对木材的材质要求高,往往是名贵木材。因此,天然薄木的市场价格一般高于其他两种薄木。

2. 集成薄木

集成薄木是将一定花纹要求的木材先加工成规格几何体,然后将这些几何体需要胶合的表面涂胶,按设计要求组合,胶结成集成木方,再将集成木方刨切成集成薄木。集成薄木对木材的质地有一定的要求,图案的花色很多,色泽与花纹的变化依赖于天然木材,自然真实。它大多用于家具部件、木门等局部的装饰,一般幅面不大,但制作精细,图案比较复杂。

3. 人造薄木

天然薄木与集成薄木一般都需要珍贵木材或质量较高的木材，生产受到资源限制，因此出现了以普通树种制造高级装饰薄木的人造薄木工艺技术。它是用普通树种的木材单板经染色、层压和模压后制成木方，再经刨切而成的。人造薄木可仿制各种珍贵树种的天然花纹，甚至做到以假乱真的地步，当然也可制出天然木材没有的花纹图案。

天然薄木和人造薄木目前大量用作刨花板、中密度纤维板、胶合板等人造板材的贴面材料，也用于家具部件、门窗、楼梯扶手、柱、墙地面等的现场饰面和封边。后者的应用往往要将薄木进行剪切和拼花，是家具和室内常见的装饰手法。

集成薄木实际上是一种工业化的薄木拼花，设计考究，制作精细，一般幅面不大，主要用于桌面、座椅、门窗、墙面、吊顶等的局部装饰。

三、装饰人造板

装饰人造板是利用木质人造板作基材，进行贴面、涂饰或其他表面加工而制成的一类装饰人造板材。装饰人造板种类极多。

1. 薄木贴面装饰人造板

薄木贴面装饰人造板是一种高级装饰人造板，它是由具有天然纹理的木材制成各种图案的薄木与人造板基材胶贴而成的，自然而真实，美观而华丽。特别是镶嵌薄木所拼成的山、水、动物、诗画、花卉等，产品珍贵，装饰性很强。由于薄木装饰加工工艺不断革新，新产品不断出现，产品具有特殊性能，因此这种装饰方法前景广阔。其装饰板材在建筑装饰、家具、车船装修等方面得到广泛应用。薄木贴面装饰人造板的贴面工艺有湿贴与干贴两种，20 世纪 80 年代大多采用干贴工艺，90 年代后期则大多采用湿贴工艺。薄木贴面工艺比较简单，经涂胶后的薄木与基材组坯后经热压或冷压即成为装饰板材。

2. 华丽板和保丽板

华丽板和保丽板实际上都是装饰纸贴面人造板。华丽板又称印花板，是将已涂有氨基树脂的花色装饰纸贴于胶合板基材上，或先将花色装饰纸贴于胶合板上再涂布氨基树脂。保丽板则是先将装饰纸贴合在胶合板上后再涂布聚酯树脂。这两种板材曾是 20 世纪 80 年代流行的装饰材料，近些年虽在大中城市用量大减，但在小城镇和部分农村地区仍有一定市场。该板材表面光亮，色泽绚丽，花色繁多，耐酸防潮，不足之处是表面不耐磨。

3. 镁铝合金贴面装饰板

这种装饰板以硬质纤维板或胶合板作基材，表面胶贴各种花色的镁铝合金薄板（厚度为 0.12～0.2 mm）。该板材可弯、可剪、可卷、可刨，加工性能好，可凹凸面转角，圆柱可平贴，施工方便，经久耐用，不退色。它用于室内装饰，能获得堂皇、美丽、豪华、高雅的装饰效果。

4. 树脂浸渍纸贴面装饰板

塑料装饰板已于前面关于塑料的章节中作过介绍。除了可用制造好的塑料装饰板贴面外，还可将装饰纸及其他辅助纸张经树脂浸渍后直接贴于基材上，经热压贴合而成装饰板，称做树脂浸渍纸贴面装饰板。浸渍树脂有三聚氰胺树脂、酚醛树脂、邻苯二甲酸二丙烯酯树脂、聚酯树脂、苯鸟粪胺树脂等。

塑料装饰板、树脂浸渍纸贴面装饰板木纹逼真、色泽鲜艳、耐磨、耐热、耐水、耐冲击、耐腐蚀，广泛用于建筑、车船、家具的装饰中。

四、金属装饰板

常用于墙面装饰的金属装饰板有:铝合金装饰板、不锈钢装饰板、铝塑板、涂层钢板及镁铝曲面装饰板等。

1. 铝合金装饰板

铝合金装饰板又称为铝合金压型板或天花扣板,它是用铝及铝合金为原料,经辊压冷压加工成各种断面的金属板材,具有质量小、强度高、刚度好、耐腐蚀、经久耐用等优良性能。板表面经阳极氧化或喷漆、喷塑处理后,可形成满足装饰要求的多种色彩。随着加工工艺的不断改进,越来越多的新型铝合金装饰板正在出现。其板面常用规格为 1 220 mm×2 440 mm。

(1) 铝合金花纹板　铝合金花纹板是采用防锈铝合金等坯料,用特制的花纹轧制而成的。其花纹美观大方,不易磨损,防滑性能好,防腐蚀性强,便于冲洗。它通过表面处理可以得到不同的颜色。该花纹板板材平整,裁剪尺寸精确,便于安装,广泛用于墙面装饰及楼梯、楼梯踏板等处。

(2) 铝合金浅花纹板　铝合金浅花纹板是优良的建筑装饰材料之一。其花纹精巧别致,色泽美观大方,除具有普通铝板共有的优点外,刚度还提高了 20%,抗污垢、抗划伤、抗擦伤能力均有提高,尤其是增加了立体图案和美丽的色彩,更使建筑物生辉。它是我国所特有的建筑装饰装修产品。

(3) 铝及铝合金波纹板　铝及铝合金波纹板是世界上广泛应用的装饰材料,其特点是自重轻(仅为钢的 3/10),有很强的反射阳光的能力,它能防火、防潮、耐腐蚀,在大气中可使用 20 年以上。搬迁拆卸下来的波纹板仍可重复使用。它适用于旅馆、饭店、商场等建筑墙面和屋面的装饰。

(4) 铝合金穿孔吸声板　铝合金穿孔吸声板采用各种铝合金平板经机械穿孔而成。孔形根据需要有圆孔、方孔、长圆孔、长方孔、三角孔及三小组合孔等。这是一种能降低噪音并兼有装饰作用的新产品。铝合金穿孔吸声板材质轻、耐高温、耐腐蚀、防火、防潮、防震、化学稳定性好,造型美观,色泽幽雅,立体感强,装饰效果好,且组装简便。它可用于宾馆、饭店、影院、播音室等公共建筑和中高档民用建筑以改善音质条件,也可用于各类车间厂房、人民防空地下室等作为降噪措施。

2. 不锈钢装饰板

不锈钢装饰板是一种特殊用途的钢材,它具有优异的耐腐性、优越的成型性及赏心悦目的外表,其高反射性及金属质地的强烈时代感,与周围环境中的各种色彩交相辉映,对空间起到了强化、点缀和烘托效果。近年来,不锈钢装饰板已逐渐从高档场所走向了中低档装饰,如用于大理石墙面、木装修墙面的分隔及灯箱的边框装饰等。

不锈钢装饰板根据表面的光泽程度及反光率大小,又可分为镜面不锈钢板、亚光不锈钢板和浮雕不锈钢板等。

(1) 镜面不锈钢板　镜面不锈钢板光亮如镜,其反射率、变形率均与高级镜面相似,与玻璃镜有相同的装饰效果。但是它还具有耐火、耐潮、耐腐蚀的特点,且不会变形和破碎,安装施工方便。它主要用于宾馆、饭店、舞厅、会议室、展览馆、影剧院的墙面、柱面、造型面及门面、门厅的装饰。板面常用规格为 1 220 mm×2 440 mm,厚度有 0.8 mm、1.0 mm、1.2 mm 和 1.5 mm 等多种。

(2) 亚光不锈钢板　表面反光率为 50%以下的不锈钢板被称为亚光不锈钢板,它具有光线柔和、不刺眼、装饰效果好等特点。

(3) 浮雕不锈钢板　浮雕不锈钢板不仅具有光泽,而且是有立体感的浮雕装饰。其造价较高。

3. 铝塑板

铝塑板又称塑铝板，由面层、核心、底板三部分组成，面层和底板均为铝片，核心为无毒低密度聚乙烯材料。它具有质量小、比强度高、隔音、防火、易加工成型、安装方便等优点。

按常规铝厚可分为0.12 mm、0.15 mm、0.21 mm、0.4 mm、0.5 mm（可根据要求生产各种厚度）；按常规产品厚度可分为1 mm、3 mm、4 mm（可根据要求生产各种厚度）；按用途可分为内墙板、外墙板和装饰板。

4. 涂层钢板

彩色涂层钢板的原板通常采用热轧钢板和镀锌钢板，有机涂层一般为聚氯乙烯，此外还有聚丙烯酸树脂、环氧树脂、醇酸树脂等。涂层与钢板的结合有薄膜层压法和涂料涂覆法两种。

建筑中彩色涂层钢板主要用于外墙护墙板，若直接用它构成围护墙则需做隔热层。此外还可用作屋面板、瓦楞板、防水防气渗透板、耐腐蚀设备和构件、家具、汽车外壳、挡水板等。彩色涂层钢板还可制成压型板，其断面形状与尺寸基本上与铝合金压型板相似。这种压型板具有耐久性好、美观大方、施工方便等优点，可用于工业厂房及公共建筑的屋面和墙面。

根据结构不同，彩色涂层钢板大致可分为以下几种。

(1) 一般涂层钢板　这种钢板基体为镀锌钢板，背面和正面都进行涂装，以保证其耐腐蚀性。正面第一层为底漆，通常为环氧底漆，它与金属的附着力很强。背面也涂有环氧树脂或丙烯酸树脂。以前面层采用醇酸树脂，现在多为聚酯类涂料和丙烯酸树脂类涂料。

(2) PVC钢板　PVC钢板有两种类型：一种是用涂布PVC糊的方法生产的，称为涂布PVC钢板；另一种是将已成型和印花或压花的PVC膜贴在钢板上，称为贴膜PVC钢板。涂布和贴膜钢板表面的PVC层都较厚，可达0.1～0.3 mm，而一般涂装钢板的涂层仅0.02 mm左右。PVC层是热塑性的，表面可热加工，例如压花，能使表面质感丰富。PVC钢板具有柔性，因而可以二次加工，如弯曲等。其耐腐蚀性和耐湿性也较好。PVC层的缺点是较易老化，为改善这一缺点，已出现一种在PVC层再复合丙烯酸树脂的复合型PVC钢板。

(3) 隔热涂装钢板　在彩色涂层钢板背面贴上15～17 mm的聚苯乙烯泡沫塑料或硬质聚氨酯泡沫塑料，可提高涂层钢板的隔热及隔声性能。

(4) 高耐久性涂层钢板　高耐久性涂层钢板采用耐老化性极好的氟塑料和丙烯酸树脂作表面涂层，它具有极佳的耐久性和耐腐蚀性，可用在工业厂房和公共建筑的墙面和屋面。

5. 镁铝曲面装饰板

镁铝曲面装饰板是以着色铝合金箔为装饰面层，纤维板或蔗板为基材，特种牛皮纸为底面纸，经黏结、刻沟等工艺而制成的装饰板。

镁铝曲面装饰板根据外观质量和力学性能又可分为优等品、一等品和合格品。根据条宽可分为细条装饰板（条宽10～15 mm）、中宽条装饰板（条宽15～20 mm）和宽条装饰板（条宽25 mm）三类，板面规格均为1 220 mm×2 440 mm，厚度为3.5 mm。

镁铝曲面装饰板具有表面光亮、颜色丰富（有银白、瓷白、浅黄、橙黄、金红、墨绿、古铜、黑咖啡等多种颜色）、不变形、不翘曲、耐擦洗、耐热、耐压、防水、安全性高、加工性能良好（可锯、可钻、可钉、可卷、可叠）等优点；缺点是易被硬物划伤，施工时应注意保护。

镁铝曲面装饰板主要用于高级室内装饰的墙面、柱面、造型面，以及宾馆、商场、饭店的门面装饰和家具贴面。此外，还可作为装饰条和压边条来使用。用镁铝曲面装饰板装修的建筑典雅豪华、光彩夺目。

镁铝曲面装饰板属高档装饰材料，目前在我国北京、上海、武汉、广州及台湾均有生产。北京生产的镁铝曲面装饰板有着色铝箔面、木纹皮面、塑胶皮面、镜面等品种。

五、合成装饰板

1. 千思板

千思板也叫酚醛树脂板，是由热固性树脂和木质纤维经高温高压聚合而成的均质高强平板。它具有优异的耐冲击性、耐水性、耐湿性、耐药性、耐热性、耐磨性及耐气候性。太阳光照射也不会引起变色、退色。千思板产品难于沾上污垢，易清洗，安装方便，可以拆卸，维修保养方便，产品的美观可持续长久。另外，千思板的冲击吸收力及特殊制造工艺使其具有一定的抗震性。

千思板表面使用电子束固化技术进行处理，其表面具有不可渗透及光滑特性，适宜用于有特别卫生要求的场合。同时，该板材具有多种颜色和纹理的组合选择。

2. 有机玻璃板

有机玻璃板是一种具有极好透光率的热塑性塑料。有机玻璃的透光性极好，可透过光线的99%，并能透过紫外线的73.5%。它的机械强度较高，耐热性、抗寒性及耐气候性都较好，耐腐蚀性及绝缘性良好。在一定条件下，它尺寸稳定、容易加工。有机玻璃的缺点是质地较脆、易溶于有机溶剂、表面硬度不大、易擦毛等。

有机玻璃在建筑上主要用作室内高级装饰材料、特殊的吸顶灯具材料、室内隔断及透明防护材料等。有机玻璃有无色透明有机玻璃、有色透明有机玻璃和各色珠光有机玻璃等多种。

3. 防火板

防火板又名耐火板，分有机板和无机板两种。无机板是由水玻璃、珍珠岩粉和一定比例的填充剂、颜料混合后压制而成的。可根据需要制成各类仿石、仿木、仿金属及各种色彩的光面、糙面、凹凸面的防火板。

防火板具有防火、防尘、耐磨、耐酸碱、耐撞击、防水、易保养等特点。不同品质的防火板价格相差很大，可分为光面板、雾面板、壁片面板、小皮面板、大皮面板、石皮板。而其表面花纹有素面型、壁布型、皮质面、钻石面、木纹面、石材面、竹面、软木纹面、特殊设计的图案或整幅画等。其色彩有深有浅，有古典的也有现代的，有自然化的也有实用化的，有活泼色也有深沉色，只要搭配得当，就十分美观漂亮，具有良好的装饰效果。

木纹颜色的光面和雾面胶板适用于高级写字楼、客房、卧室内的各式家具的饰面及活动式工装配吊顶，显得华贵大方，而且经久耐用。

皮革颜色的雾面和光面胶板适用于装饰厨具、壁板、栏杆扶手等表层，易于清洁，又不会被虫蚁损坏。

仿大理石花纹的雾面和光面胶板适用于铺贴室内墙面、活动地板、厅堂的柜台、墙裙、圆柱和方柱等表面，清雅美观，不易磨损。

细格几何图案及各款条纹杂色的雾面和光面胶板适用于镶贴窗台板、踢脚板的表面及防火门扇、壁板、计算机工作台等贴面，款式新颖，别具一格。

防火板在施工时，底板一定要清洁后再上胶滚压密合，收边为直角、斜角、圆弧角，前两种收边会有交界缝，而收圆弧角则较圆滑美观。防火板施工最大的缺点是直角收边易碰撞，时间久后断落的齿痕十分难看。

防火板虽然耐热耐水，但长久放于室外日晒雨淋，仍会退色。

六、塑料装饰板

建筑装饰用塑料制品很多，常以板材、块材、波形瓦、卷材、塑料薄膜等形式，用在屋面、地面、墙面和顶棚。

常用的有塑料装饰板和塑料贴面材料。

塑料装饰板具有隔热、隔声和保护墙体的作用，它颜色、图案丰富，装饰效果好。产品主要有 PVC 装饰板、塑料贴面板、有机玻璃装饰板、玻璃钢装饰板和塑料装饰线条等。

塑料装饰线条主要是 PVC 钙塑线条，它质轻、防霉、阻燃、美观、经济、安装方便。主要用颜色不同的仿木线条，也常制成仿金属线条，可作为踢脚线、收口线、压边线、墙腰线、柱间线等墙面装饰。

七、壁纸

壁纸(壁布)是室内装饰中应用较为广泛的墙面及天花板面的装饰材料，由于其具有质地柔软、图案多样、色泽多样的外观效果和耐用、耐洗、施工方便等特点，深受人们的喜爱。尤其是其柔软的质感，可将室内环境营造出温暖祥和的气氛，是其他材料不可替代的，如图 2-1 所示。

图 2-1 壁纸

壁纸按面层材质分类，可分为纸面纸基壁纸、纺织艺术壁纸、天然材料面壁纸、金属壁纸和塑料壁纸等。

按产品性能分类，壁纸可分为防霉抗菌壁纸、防火阻燃壁纸、吸声壁纸、抗静电壁纸和荧光壁纸等。防霉抗菌壁纸能有效地防霉、抗菌、阻隔潮气；防火阻燃壁纸具有难燃、阻燃的特性；吸声壁纸具有吸声能力，适用于歌厅、KTV 包厢的墙面装饰；抗静电壁纸能有效防止静电；荧光壁纸能产生一种特别效果——夜壁生辉，夜晚熄灯后可持续 45 min 的荧光效果，深受小朋友的喜爱。

按产品花色及装饰风格分类,壁纸又可分为图案型、花卉型、抽象型、组合型、儿童卡通型、特别效果型等,以及能起到画龙点睛作用的腰线壁纸。

常用壁纸成卷状,每卷规格为 0.53 m×10 m。

八、内墙涂料

一般家居用的墙面漆主要是乳胶漆,能制造丝光、缎光、亚光等光泽。

通常乳液型外墙涂料均可作为内墙装饰使用。现在常用的建筑内墙乳胶漆有醋酸乙烯-丙烯酸酯有光乳胶漆(简称"乙-丙有光乳胶漆")等。

乙-丙有光乳胶漆是以乙-丙共聚乳液为主要成膜物质,掺入适当的颜料、填料及助剂,经过研磨或分散处理后配制而成的半光或有光内墙涂料。它适用于建筑内墙装饰,其耐水性、耐碱性、耐久性较好,并具有光泽,是一种中高档内墙装饰涂料。

乙-丙有光乳胶漆的特点如下。

(1) 在共聚乳液中引入了丙烯酸丁酯、甲基丙烯酸甲酯、甲基丙烯酸、丙烯酸等单体,从而提高了乳液的光稳定性,使配制的涂料耐候性好,也适用于室外。

(2) 在共聚物中引进丙烯酸丁酯,能起到内增塑作用,提高了涂膜的柔韧性。

(3) 主要原料为醋酸乙烯,在我国资源丰富,涂料的价格适中。

乳胶漆通常以桶包装,有大桶和小桶之分,大桶一般装 15 L,小桶一般装 5 L。

九、块材

块材包括天然块材和人造块材,常见的有天然花岗石、天然大理石、人造石材、釉面砖、陶瓷锦砖等。石材内墙地面如图 2-2 所示。

图 2-2 石材内墙地面

天然花岗石和天然大理石直接采集于自然,在室内装饰之前,应保证其各方面性能在规定范围之内,尤其是放射性指标。

釉面砖又称内墙面砖,是用于内墙装饰的薄片精陶建筑制品。它不能用于室外,否则经日晒、雨淋、风吹、冰冻，将导致其破裂损坏。釉面砖不仅品种多，而且在色彩上有白色、彩色、图案、无光、石光等，并可拼接成各种图案、字画，装饰性较强，强度高，耐磨性、耐腐蚀性、耐火性、耐水性均好，又容易清洗，不退色，多用于厨房、卫生间、浴室、理发室、内墙裙等处的装修及大型公共场所的墙面装饰。

十、纸面石膏板

纸面石膏板作为一种墙体材料，在建筑装饰上占有重要地位。纸面石膏板是以建筑石膏为主要原料，掺入纤维、外加剂（发泡剂、缓凝剂等）和适量轻质填料，加水拌和成料浆，浇注在进行中的纸面上，成型后再覆以上层面纸。料浆经过凝固形成芯板，经切断、烘干，则使芯板与护面纸牢固地结合在一起。纸面石膏板具有质轻、保温隔热性能好、防火性能好、可钉、可锯、可刨及施工安装方便等特点，主要用作建筑物内隔墙和室内吊顶材料。

单元二

墙面装饰施工工艺与构造

墙面装饰按照施工部位的不同，可以分为外墙装饰和内墙装饰两大类；按照面层材料的不同，可以分为涂料饰面、石材饰面、金属板饰面、瓷砖饰面等；按照墙面使用材料和施工方法的不同，可以分为六类，即抹灰类、涂刷类、贴面类、裱糊类、镶板类、幕墙类。本单元主要介绍这六类内墙饰面及特殊部位的装饰构造。

一、抹灰类饰面装饰构造

抹灰是由水泥、石灰膏为胶结料，加入砂或装饰性石子，与水拌和成砂浆或石子浆，然后涂抹到建筑物的墙面、地面、顶棚上进行装饰的一种施工方法。抹灰工程是最为直接也是最原始的装饰工程。

抹灰具有材源广、造价低、施工简单、技术要求不高等优点。

抹灰一般分为三层，即底层、中层和面层，如图 2-3 所示。

底层主要起与基层黏结和初步找平的作用，中间层起找平的作用，面层起装饰和保护的作用。

抹灰工程按使用的材料和装饰效果，分为一般抹灰、装饰抹灰和特殊抹灰。

1. 一般抹灰

一般抹灰所用的材料有水泥砂浆、水泥混合砂浆、聚合物水泥砂浆、膨胀珍珠岩水泥砂浆、石灰砂浆、麻刀灰、纸筋灰、石膏灰等。根据房屋使用标准和设计要求，一般抹灰可以分为三级：普通抹灰、中级抹灰、高级抹灰。其适用范围、做法及质量要求详见表 2-3，各抹灰层的厚度控制见表 2-4。

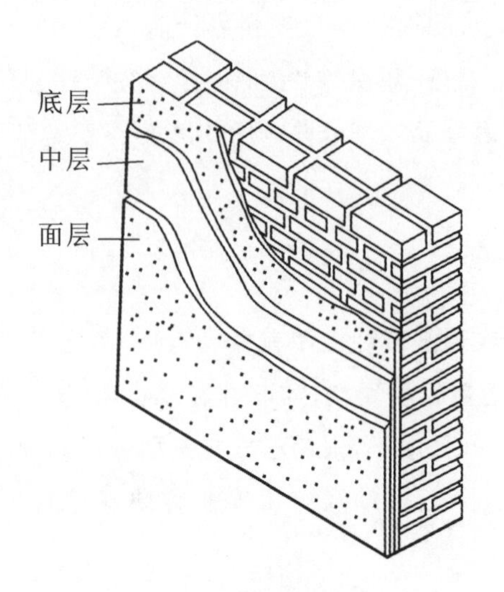

图 2-3　抹灰的组成

表 2-3　各种抹灰适用范围、做法及质量要求

等级名称	适用范围	工序要求
普通抹灰	简易住宅、临时设施和非居住房屋(如车库、仓库、锅炉房)、地下室和储藏室等	分层赶平、修整、表面压光
中级抹灰	一般居住、公用和工业建筑(如住宅、宿舍、教学楼、办公楼)、高级建筑物中的附属用房	阴角找方、设置标筋、分层赶平、修整、压光
高级抹灰	大型公共建筑、纪念性建筑物(如剧院、礼堂、展览馆等)、有特殊要求的高级建筑物等	阴阳角找方、设置标筋、分层赶平、修整、压光

表 2-4　抹灰层平均总厚度控制

部　　位	项　　目	总厚度/mm
顶棚	板条、空心砖、现浇混凝土	≤15
	预制混凝土	≤18
	金属网	≤20
内墙	普通抹灰	≤18
	中级抹灰	≤20
	高级抹灰	≤25

普通抹灰为一底层、一面层,两遍成活,分层赶平、修整;中级抹灰为一底层、一中层、一面层,三遍成活,需做标筋,分层赶平、修整,表面压光;高级抹灰为一底层、几遍中层、一面层,多遍成活,需做标筋,角棱找方,分层赶平、修整,表面压光。

一般抹灰的施工顺序,通常应遵循“先室外后室内、先上面后下面、先顶棚后墙地”的原则。

1) 常用抹灰工具

图 2-4 所示为常用抹灰工具。

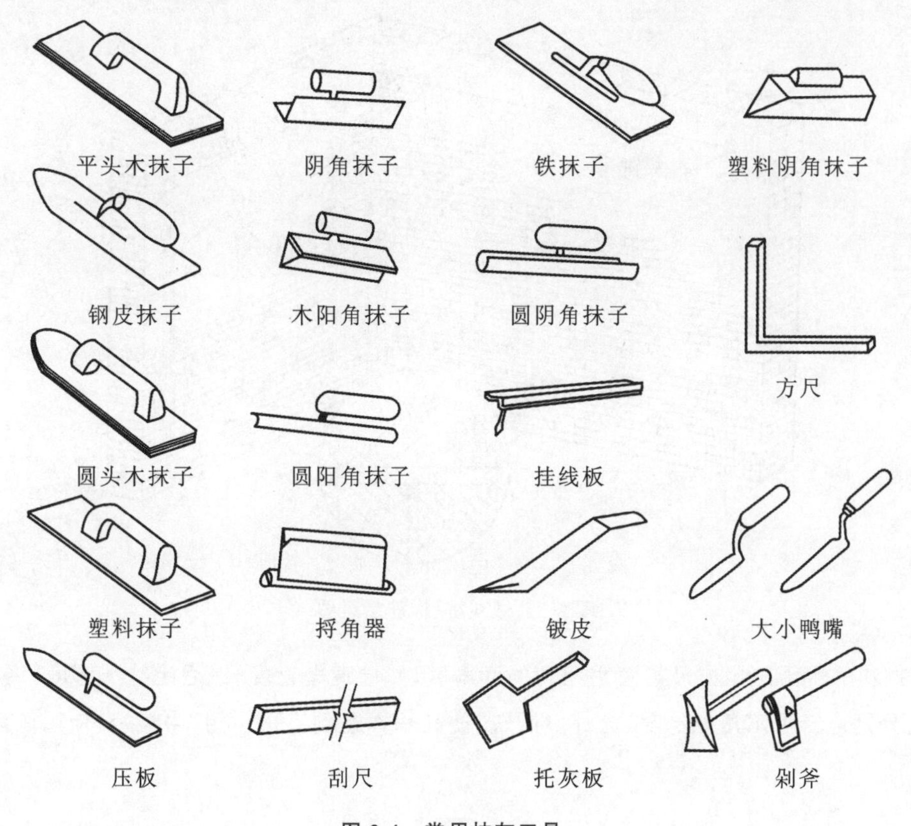

图 2-4 常用抹灰工具

2）一般抹灰常用材料

(1) 气硬性无机胶粘材料：石灰、石灰膏、石膏；

(2) 水硬性无机胶凝材料：水泥；

(3) 骨料：砂、石粒、石屑等；

(4) 纤维材料：麻刀、草桔、纸筋、玻璃丝等；

(5) 其他材料：颜料、108 胶等。

3）一般抹灰的施工工艺

一般抹灰的施工步骤为基层处理—做灰饼、标筋—抹底层灰—抹中层灰—抹面层灰—阴阳角抹灰。

(1) 基层处理 首先将基层表面的浮尘、残灰、污垢等清理干净，否则容易造成脱落；然后检查基层表面的平整度，凸出来的部分要凿平，凹陷的部分用水泥砂浆填平；最后把墙面上的一些孔洞用水泥砂浆填实堵好，使整个墙面达到平整。

(2) 做灰饼、标筋 抹灰操作应保证其平整度和垂直度，施工中常用的手段是做灰饼和标筋，如图 2-5 所示。做灰饼是在墙面的一定位置上抹上砂浆团，以控制抹灰层的平整度、垂直度和厚度。标筋（也称冲筋）是在上下灰饼之间抹上砂浆带，同样起控制抹灰层平整度、垂直度和厚度的作用。

(3) 抹底层灰 标筋达到一定强度（刮尺操作不致损坏或七至八成干）后即可抹底层灰。抹底层灰可用托灰板盛砂浆，用力将砂浆推抹到墙面上，一般应由上而下进行。

(4) 抹中层灰 底层灰七至八成干（用手指按压有指印但不软）后即可抹中层灰。操作时一般按由上而下、从左向右的顺序进行。

(5) 抹面层灰 在中层灰七至八成干后即可抹面层灰。先在中层灰上洒水，然后将面层砂浆分遍均匀涂抹上去，一般也应按从上而下、从左向右的顺序。抹满后用铁抹子分遍压实、压光。

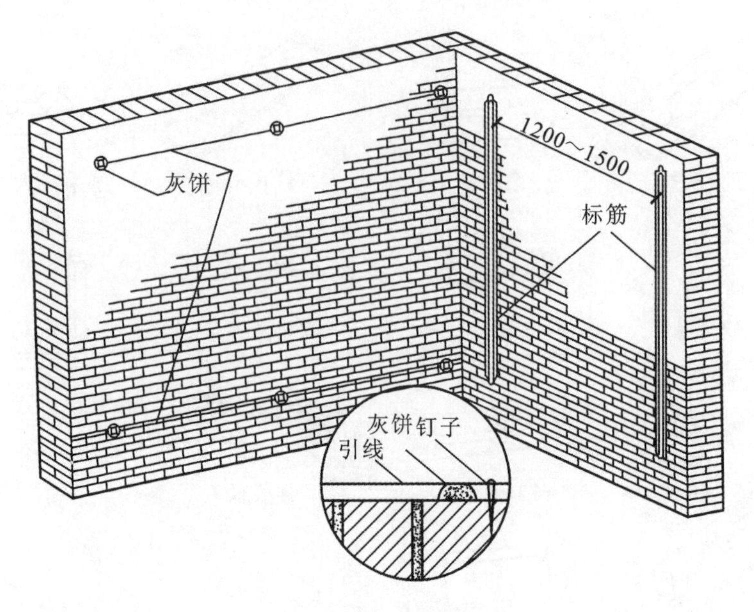

图 2-5 做灰饼、标筋示意图

(6) 阴阳角抹灰 用阴阳角方尺检查阴阳角的直角度,并检查垂直度,然后定抹灰厚度,浇水湿润。用木制阴角器和阳角器分别进行阴阳角处抹灰,先抹底层灰,使其基本达到直角,再抹中层灰,使阴阳角方正。

2. 装饰抹灰

装饰抹灰的底层和中层与一般抹灰相同,但面层通过选用材料及操作工艺等方面的改进,使抹灰面具有不同的质感、纹理及色泽的装饰效果,而无需再作其他饰面。装饰抹灰的面层材料主要有水泥石子浆、水泥色浆、聚合物水泥砂浆等。

装饰抹灰包括水磨石、水刷石、干粘石、斩假石、拉毛和拉条、装饰线条、弹涂、滚涂及彩色抹灰等。

装饰抹灰根据所用材料和处理手法的不同,可以分为砂浆类装饰抹灰和石粒类装饰抹灰两大类。砂浆类装饰抹灰,也就是水泥、石灰类毛面装饰抹灰;石粒类装饰抹灰是以水泥为胶结料,以石粒为骨料拌和成水泥石粒浆涂抹在装饰面,然后采用水洗、斧剁或是湿磨等工艺除去表面的水泥浆皮,露出以石粒的颜色、质感为主的一种装饰效果。

1) 砂浆类装饰抹灰

(1) 拉毛抹灰 在水泥砂浆或是水泥混合砂浆的底中层抹灰完成以后,在其表面上接着涂抹水泥混合砂浆或纸筋石灰浆等,然后用抹子或是硬毛鬃刷等工具将砂浆拉出波纹或是凸起的毛头而达到装饰目的的一种抹灰工艺,如图 2-6 所示。

(2) 拉条抹灰 这也是在水泥砂浆或水泥混合砂浆的底中层的基础上作的装饰面层,它是使用专用模具把面层砂浆做成竖线条的一种装饰抹灰。它利用条形模具上下拉动,使墙面抹灰呈现出规则的细条、粗条、半圆条、波形条、梯形条或长方形条等,具有美观大方、不易积尘、成本低、操作简单等特点。其施工工艺流程为:基层处理—做灰饼、标筋—底中层抹灰—弹线贴轨道—抹拉条灰—拉条—油漆上色。

(3) 扒拉灰与扒拉石 其操作原理和拉条抹灰相同,即在一般抹灰的底中层抹灰上先粘贴分格条,然后涂抹面层砂浆,等稍干的时候用铁抹子压实、压平,然后用钢丝刷子或钉耙子扒拉墙体表面,使之呈现出深浅一致,颜色均匀的图案,有一种仿石材的效果,美观大方。

(4) 假面砖 假面砖抹灰是将掺入氧化铁红、氧化铁黄等颜料的水泥砂浆通过手工操作达到模拟面砖的装饰效果的一种施工方法。它具有造价低、操作简单、美观大方、装饰效果好等优点。假面砖的施工工艺流程为:

图 2-6 拉毛抹灰

基层处理—贴灰饼、标筋—底层、中层抹灰—弹线—面层抹灰—划沟做面砖—清理。

2）石粒类装饰抹灰

（1）水刷石 水刷石抹灰是一种传统的装饰抹灰，一般用在外墙装饰上，也可以用在檐口、腰线、门窗套等部位，装饰效果好。但是由于它操作复杂、劳动繁重、技术要求高，并且造成水资源的浪费和环境的污染，所以这种装饰抹灰正逐步被其他装饰工艺所代替。

（2）干粘石 干粘石抹灰是将彩色石粒直接粘在砂浆层上的一种装饰抹灰做法。它采用淡绿、橘红和黑白石粒或几种颜色的石粒掺和作为骨料，具有天然石粒的那种质地朴实、色彩凝重丰富的特点，而且操作简单，价格低廉，是一种应用非常广泛的装饰抹灰。干粘石的施工工艺流程为：基层处理—做灰饼、标筋—底中层抹灰—抹灰中层验收—弹线、粘分格条—抹粘结层砂浆—撒石粒、拍平—起分格条、修整。其中，弹线、粘分格条时，分格条要横平竖直、平整一致；抹粘结层砂浆前，要浇水湿润，刷素水泥浆一道，再抹水泥砂浆；撒石拍平是在粘结层砂浆干湿适宜时，可用手甩石粒，然后用铁抹子将石粒均匀拍入砂浆中。干粘石墙面如图 2-7 所示。

图 2-7 干粘石墙面

（3）斩假石 斩假石又称剁斧石，是在水泥砂浆抹灰中层上涂抹水泥石屑浆面层，待其硬化以后，用斧头、凿子等特制的工具，凿出有规律的纹路来，使之具有类似经过雕琢的天然石材的表面形态，给人以庄重、典雅、大方的感觉，是一种装饰效果较好的装饰抹灰。其构造见图 2-8。斩假石的施工工艺流程为：基层处理—贴灰饼、标筋—底层、中层抹灰—弹线、粘分格条—抹面层水泥石子浆—养护—斩琢石纹—清理。

3）其他

随着普通水泥砂浆性能的改善及聚合物砂浆在饰面工程中的广泛应用，喷涂、滚涂、弹涂抹灰技术正在被

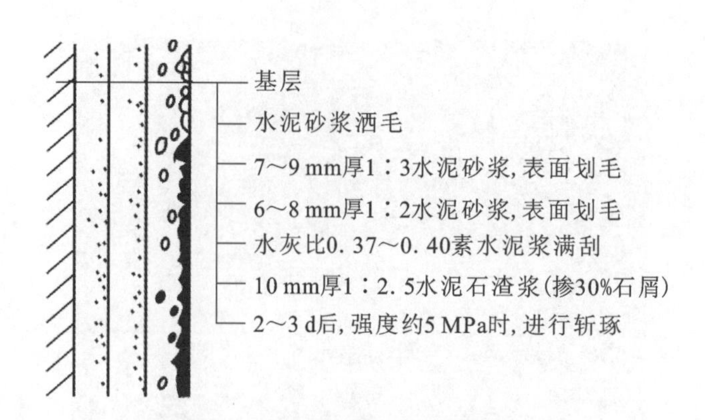

图 2-8　斩假石饰面分层构造示意

越来越多地使用。喷涂饰面是用挤压式喷泵或喷斗将聚合物水泥砂浆喷涂于墙体表面而形成的装饰层；滚涂饰面是将聚合物水泥砂浆抹在墙体表面，用磙子滚出花纹，再喷罩甲基硅酸钠疏水剂而形成的装饰层；弹涂饰面是将聚合物水泥砂浆刷在墙体表面，用弹涂器分几遍将不同颜色的聚合物水泥砂浆弹在已涂刷的涂层上，再喷罩甲基硅树脂或聚乙烯醇缩丁醛酒精溶液而形成的装饰层。表面喷涂效果如图 2-9 所示。

图 2-9　表面喷涂效果

喷涂、滚涂、弹涂抹灰的施工工艺流程为：基层处理—做灰饼、标筋—底中层抹灰—粘分格条—喷涂、滚涂、弹涂—起条勾缝—养护。

另外，有些时候要也用到其他特殊抹灰，这是为了满足某些特殊的要求(如保温、耐酸、防水等)而采用保温砂浆、耐酸砂浆、防水砂浆等进行的抹灰。

二、涂刷类墙面装饰

涂刷类饰面，是指将建筑涂料涂刷于构配件表面而形成牢固的膜层，从而起到保护、装饰墙面作用的一种装饰做法。

涂刷类饰面与其他种类饰面相比，具有工效高、工期短、材料用量少、自重轻、造价低等优点。涂刷类饰面的耐久性略差，但维修、更新很方便，且简单易行。

涂料施工的方法一般有四种：刷涂、喷涂、滚涂和弹涂。刷涂是用排刷或是油刷把涂料刷抹到墙面上的一种施工方法；喷涂就是使用喷枪将涂料喷涂到墙面上的一种施工方法；滚涂就是使用橡胶或塑料辊子蘸着涂料将涂料滚压到墙面上的一种施工方法;弹涂就是使用弹涂机将涂料弹射到墙面上的一种施工方法。

涂刷类墙面装饰施工工艺流程为:基层处理—腻子补缺—磨平—满刮腻子—再满刮腻子—涂刷乳胶—磨光—涂刷乳胶—清扫。具体介绍如下。

(1) 基层处理 先将装修表面的灰块、浮渣等杂物用开刀铲除,如表面有油污,应用清洗剂和清水洗净,干燥后再用棕刷将表面灰尘清扫干净。

(2) 腻子补缺 用腻子将墙面、蜂窝、洞眼等缺残补好。

(3) 磨平 等腻子干透后,先用开刀将凸起的腻子铲开,然后用粗砂纸磨平。

(4) 满刮腻子 先用胶皮刮板满刮第一遍腻子,要求横向刮抹平整、均匀、光滑、密实,线角及边棱整齐。满刮时,不漏刮,接头不留茬,不沾污门窗框及其他部位,干透后用粗砂纸打磨平整。

(5) 再满刮腻子 第二遍满刮腻子与第一遍方向垂直,方法相同,干透后用细砂纸打磨平整。

(6) 涂刷乳胶 涂刷前用手提电动搅拌枪将涂料搅拌均匀,如稠度较大,可加清水稀释,但稠度应适当,且不得稀稠不均。然后将乳胶倒入托盘,用滚刷蘸乳胶进行滚涂,滚刷先作横向滚涂,再作纵向滚压,将乳胶赶开、涂平、涂匀。滚涂顺序一般从上到下,从左到右,先远后近,先边角、棱角,先小面后大面。要防止局部涂料过多而发生流坠,滚刷涂不到的阴角处需用毛刷补齐,不得漏涂;要随时剔除墙上的滚毛刷毛;一面墙面要一气呵成,避免出现接茬或刷迹重叠;玷污到其他部位的乳胶要及时清除干净。

(7) 磨光 第一遍滚涂乳胶结束 4 h 后,用砂纸磨光;若天气潮湿,4 h 后未干,应延长时间,待干后再磨。

(8) 涂刷乳胶 一般为两遍,亦可根据要求适当增加遍数,每遍涂刷应厚薄一致,充分盖底,表面均匀。

(9) 清扫 清扫飞溅乳胶,清除施工准备时预先覆盖在踢脚板,水、暖、电、卫设备及门窗等部位的遮挡物。

三、贴面类墙面装饰

贴面类墙面装饰是指采用天然或人造材料,例如天然石材、人造石材、釉面砖、陶瓷锦砖等,采用粘贴工艺或是勾挂施工镶贴到墙柱面达到装饰和保护墙体的作用的一种墙面做法。它具有装饰效果好、色泽稳定、易清洗、防水耐腐、坚固耐用等优点。

贴面类墙面的做法根据施工方法和构造特点的不同可以分为两类:一类是直接镶贴法,即直接镶贴饰面;另一类是贴挂类饰面装饰,包括锚固灌浆法、干挂施工法、背挂法和薄型石材简易安装法。

1. 直接镶贴法

直接镶贴饰面构造比较简单,大体上由底层砂浆、黏结层砂浆和块状贴面材料面层组成,底层砂浆具有使饰面与基层之间黏附和找平的双层作用,黏结层砂浆的作用是与底层形成良好的整体,并将贴面材料黏附在墙体上。

常见的直接镶贴饰面材料有陶瓷制品,如面砖、瓷砖、陶瓷锦砖等。

瓷砖饰面的底灰为 12 mm 厚 1∶3 水泥砂浆。瓷砖的粘贴方法有两种:一种是软贴法,即用 5～8 mm 厚的 1∶0.1∶2.5 的水泥石灰砂浆作结合层粘贴;另一种是硬贴法,即在贴面水泥浆中加入适量建筑胶,一般只需 2～3 mm 厚。其施工工艺流程为:基层处理—抹底灰—弹线—浸砖—铺贴—勾缝擦缝。

陶瓷锦砖和玻璃锦砖的粘贴方法基本相同。先用 15 mm 厚的 1∶3 水泥砂浆打底,用 3～4 mm 厚的 1∶1 水泥砂浆作黏结层铺贴,待黏结层开始凝固,洗去皮纸,最后用水泥砂浆擦缝。为避免脱落,一般不宜在冬季施工。其构造如图 2-10 所示。其施工工艺流程为:基层处理—抹底灰—弹线—铺贴—揭纸—擦缝—养护。

2. 贴挂类饰面装饰

这是指用较大规格的天然或人造石块饰面的装饰施工方法。由于材料体积和质量比较大,为了保证安全,

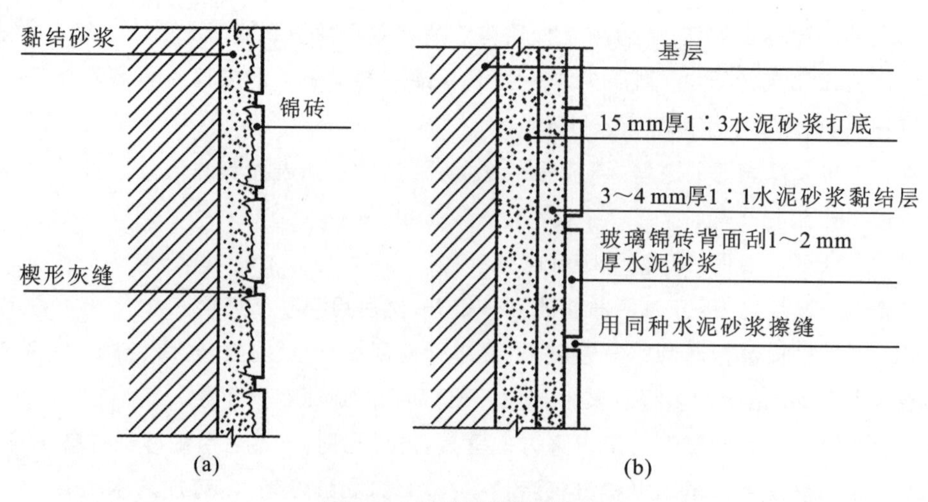

图 2-10 玻璃锦砖饰面构造

(a)黏结状况；(b)构造示意

采用钩挂等构造连接措施，以加强饰面块材与基层的连接，与直接镶贴饰面有一定区别。常见的贴挂类饰面材料有天然石材(如花岗石、大理石等)和预制块(如预制水磨石板、人造石材等)。

贴挂类饰面具有防水、耐腐蚀、便于清洗、不易污染、耐久性好、强度高、坚固耐用等特点。另外，板材材料品种多，而且色彩丰富、表面光洁华丽、装饰效果好，有很高的观赏效果，给人以或高贵典雅或凝重肃穆的感觉。其主要施工方法介绍如下。

1）锚固灌浆法

该方法也叫石材湿挂法。室内装饰中的石材运用很广，宾馆、饭店、大型商场、办公楼等公共场所的里面、柱面，经石材装饰后，既实用又美观，是十分理想的主要装饰材料。石材湿挂是常用的一种安装施工方法，也就是灌水泥浆的方法。具体做法是在建筑结构墙体固定竖向钢筋，在竖向钢筋上绑扎横向的钢筋，从而构成纵横交叉布置的钢筋网；然后在钢筋网上绑扎石材板块，或是采用金属锚固件钩挂板材并与建筑物基体固定；最后在石材板块的背面与基层表面所形成的空腔内灌注水泥砂浆或是水泥石屑浆。这是一种整体的固定石材板块的方法，如图 2-11 所示。

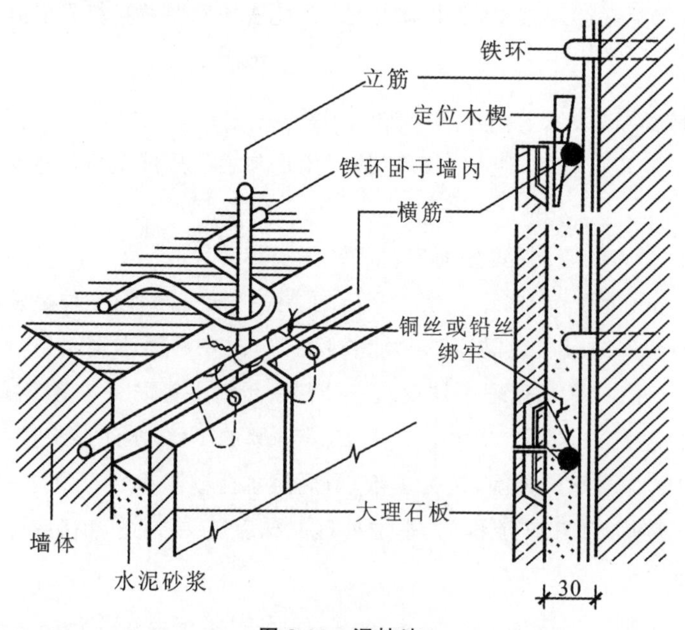

图 2-11 湿挂法

该方法是一种传统的湿作业施工方法，其工序较为复杂、作业量较大、缺点较多，已经很少使用，但是对于较大规格的重型石板饰面工程，用这种方法进行施工，其安全性和可靠性都能得到很大的保障。

施工时根据设计要求，需现场核对实际尺寸，将精确尺度报切割石材码单，并规划施工编号图，石材切割加工须按现场码单及编号图进行分批。现场实际尺寸误差较大的应及时报告至设计单位作适当调整。对于形状复杂的饰面板，要用不变形的板材放足尺寸大样。

湿挂石材的施工工艺流程为：基层处理—板材钻孔—预拼—基体钻孔—板材安装固定—灌浆—清理。具体介绍如下。

(1) 基层处理　对需挂贴石材的基层要进行清理，基层必须牢固结实，无松动和洞隙，应具有足够承受石材质量的稳定性和刚度。钢架铁丝网粉刷必须黏结牢固、无缝隙、无漏洞，基层表面应平整粗糙。

(2) 板材钻孔　湿挂石材应在石材上方用切割机开口，用不锈钢丝或通体连接牢固，每块石材不应少于两个连接点，大于 600 mm 的石材应有两个以上的连接点加以固定。

(3) 预拼　有纹理要求的必须进行预拼，有色差的应及时撤换，石材后背的玻纤网应去除，以免出现空鼓现象。

(4) 基体钻孔　在需贴挂的基层上拉水平、垂直线或弹线确定贴挂位置，并进行基体钻孔。安装施工环境必须无明显垃圾和有碍施工的材料，安装施工现场应有足够的光线和施工空间。

(5) 板材安装固定　石板固定后应用水平尺检查调整其水平与垂直度，并保持石板贴挂基体有 20～40 mm 的空隙，石板与基层可用拇指楔体加以固定，防止松动。

(6) 灌浆　采用 1∶3 的水泥砂浆灌注，灌注时要灌实，动作要慢，切不可大量倒入致使石板移动。灌浆时一边灌，一边用细钢筋捣实，灌浆不宜过满，一般以至板口留 20 mm 为好，灌注时黏在石材表面的水泥砂浆应及时擦除。石板左右上下连接处，可采用 502 胶水或云石胶点粘固定，对湿挂面积较大的墙面，一般湿挂两层后待隔日或水泥砂浆初凝后方能继续安装。

石材湿挂环境温度应控制在 5～35℃之间。冬季施工应根据实际情况在水泥砂浆中添加防冻剂，并保持施工后的保湿措施。夏季施工应在灌浆前将墙面充分潮湿后进行。

湿挂墙面、柱面上方的吊顶必须待石材灌浆结束后，方可封板。

2) 干挂施工法

干挂法是用高强度螺栓和耐腐蚀、高强度的柔性连接件将饰面板直接吊挂于墙体上或空挂于钢骨架上的构造做法，不需要再灌浆粘贴。也就是在建筑墙体施工时预埋铁件，或是采用金属膨胀螺栓来固定不锈钢连接扣件，再通过不锈钢连接扣件及扣件上的不锈钢销或钢板插舌来固定板端已经打孔或是开槽的石材板块。

其石材的选用、切割、运输、验收与湿挂法(锚固灌浆法)的要求基本相同，有区别的是石材使用的厚度必须达到干挂石材的要求。

在目前的施工中，干挂施工法的优点相对较多，总结如下：

(1) 石板和墙面形成的空腔之间不再灌注水泥砂浆，因此避免了由于水泥化学作用而造成的饰面石材表面发生的花脸、变色、锈斑等严重问题，以及由于挂贴不牢而产生的空鼓、裂缝，甚至脱落等；

(2) 饰面石材分别独立地吊挂在墙面上，每一块石板的质量不会传给其他石材，而且没有水泥砂浆的质量，使墙体的负荷减轻；

(3) 使用吊挂件及膨胀螺栓等挂于墙面上，施工进度快、周期短，而且不需要搅拌水泥砂浆，大大减少了工地现场的污染及清理现场的人工费用；

(4) 吊挂件轻巧灵活，向前向后、向左向右、向上向下都可以进行调整，因此装饰的质量很容易保证。

干挂法也存在一些缺点，主要如下：

(1) 造价较高；

(2) 由于饰面板与墙面必须有一定距离，增大了墙的装修面积；

(3) 必须由熟练的技术工人操作；

(4) 对一些几何形体复杂的墙体或柱面,施工比较困难;

(5) 干挂法只适用于钢筋混凝土墙体,不适用于普通黏土砖墙体和加气混凝土块墙体。

饰面板干挂法的基本构造有两种:直接干挂法和间接干挂法,做法分别如图 2-12 和图 2-13 所示。

干挂法的施工工艺流程为:墙面修整—弹线—钻孔—金属挂件固定—板材固定—板缝处理。

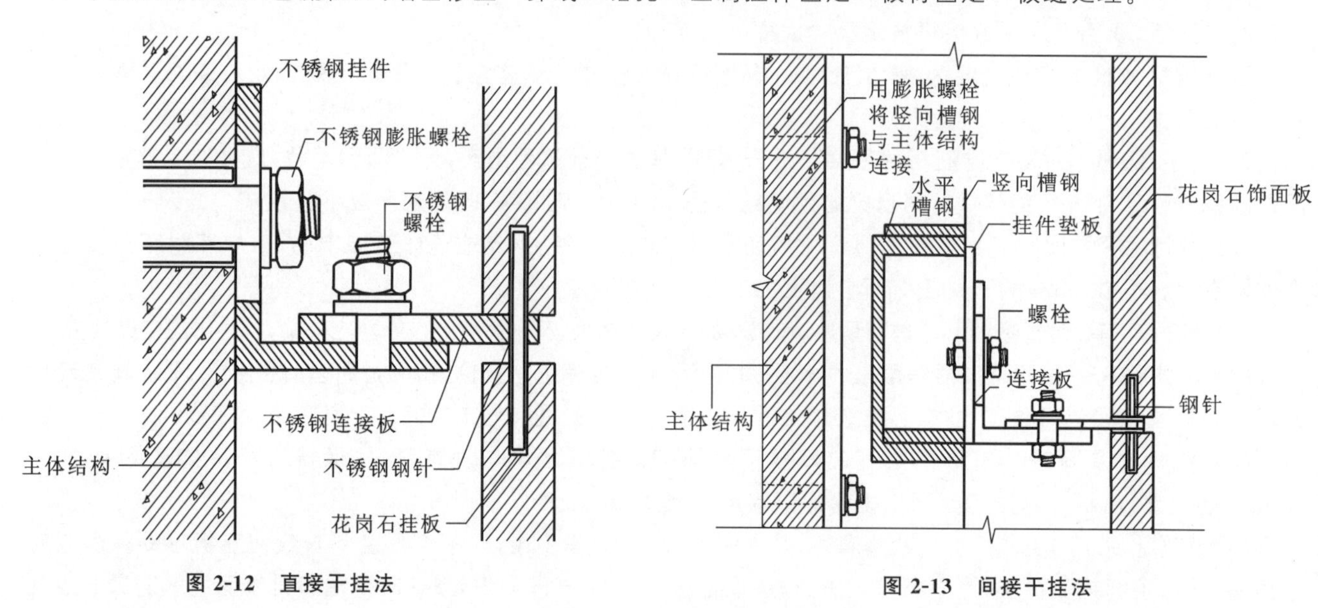

图 2-12 直接干挂法

图 2-13 间接干挂法

3) 背挂法

背挂法是石板饰面干挂法作业的一种新的形式。其方法是先在建筑物结构基体立面安装金属龙骨,再于石板背面开半孔,以特制的柱锥式锚拴托挂石板,并与龙骨骨架连接固定。这种施工方法适用于石材幕墙施工,其构造如图 2-14 所示。

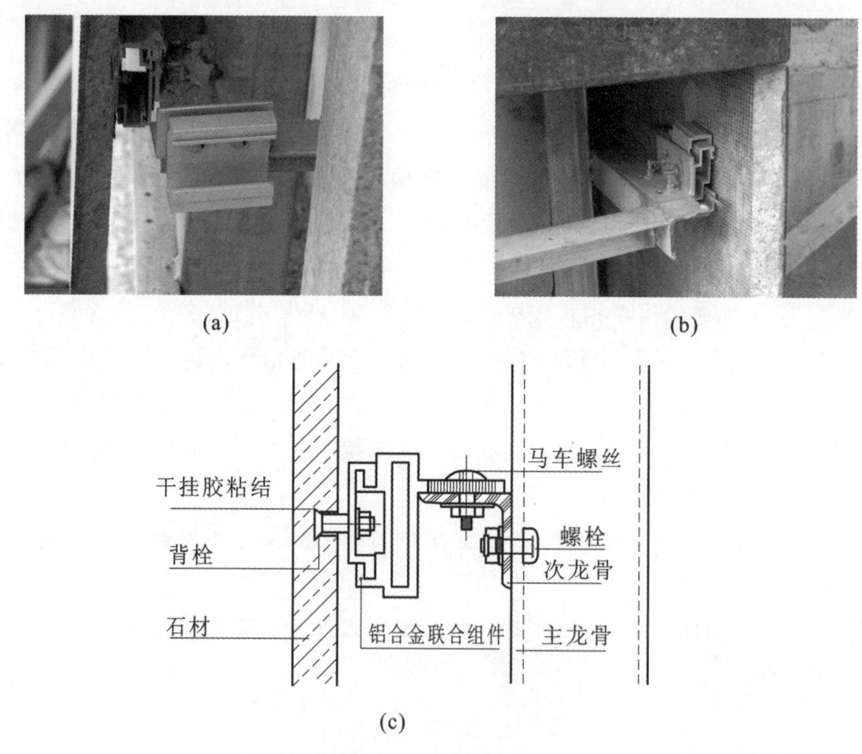

图 2-14 背挂法

(a)挂件细部;(b)石材幕墙的背栓和挂件;(c)背栓式挂件结构图

4）薄型石板简易安装法

最新型的石材装饰板产品厚度仅为8～8.5 mm，安装的时候作为配套的系统装饰工程，可以有多种连接与固定的做法供选择，例如螺钉固定、粘接固定、卡槽或是龙骨吊挂等。薄型石材饰面板施工工艺比较简单。

四、裱糊类墙面装饰

裱糊类饰面装饰是指用墙纸（墙布）、丝绒锦缎、微薄木等软质材料，通过裱糊方式覆盖在室内墙、柱、顶面及各种装饰构件外表面的饰面工程。裱糊类饰面的特点有如下几点。

（1）施工方便：操作简单，工期短。

（2）装饰效果好：色彩丰富，新颖别致。

（3）多功能性：吸声、隔热、防霉、耐水、防静电等。

（4）维护保养方便：耐磨性、防污染性好。

（5）抗形变性能好。

其中，壁纸铺贴所需材料为壁纸、腻子、胶粘剂和底层涂料。壁纸铺贴的方法有干贴法和湿贴法两种。壁纸铺贴的施工工艺流程为：基层处理—测量面积—弹线分格—裁纸刷胶—裱糊—拼贴、搭接、对花—赶压胶粘剂、气泡—成品保护。具体介绍如下。

（1）基层处理　铺贴壁纸的基层要求坚固密实，表面平整光洁，无疏松，无粉化，无孔洞、麻点和毛刺，表面颜色应一致，基层含水率不得大于8%，否则会引起壁纸变黄发霉。基层处理要求清除墙面灰头、粗粒凸灰及灰浆。表面脱灰、孔洞等较大的缺陷用砂浆修补填平。对麻点、凹坑、接缝、裂缝等较小的缺陷，用底灰修补填平，干固后用砂纸磨平。处理好的底层应该平整光滑，阴阳角线通畅、顺直，无裂痕，无砂眼麻点，无缝隙，无尘埃污物。在此基础上，基层要满涂一遍清油做封闭底漆，要求厚薄均匀，不得有漏刷、流淌等缺陷。其目的是防止基层吸水太快引起胶粘剂脱水过快，从而影响壁纸黏结效果；同时也可使胶黏剂涂刷得厚薄均匀，避免纸面发生起泡现象。

（2）测量面积　测量出裱糊面积、估算出壁纸用量。

$$\text{壁纸用量(卷)}=\text{房间周长}\times\text{房间高度}\times(1+K)/\text{每卷壁纸的面积}$$

式中，K为壁纸损耗率，一般为3%～5%。大图案壁纸比小图案壁纸的利用率低，通常K值略高；裱糊面奇异复杂的要比普通的利用率低，K值较高。

（3）弹线分格　墙面弹水平线及垂直线，其目的是使壁纸粘贴后的花纹、图案、线条纵横连贯，故有必要在清油干燥后弹画水平、垂直线，作为操作时的依据标准。遇到门窗等大洞口时，一般以立边分划为宜，便于擢角贴立边。

（4）裁纸刷胶　墙面及壁纸涂刷胶黏剂时，要根据壁纸规格及墙面尺寸，统筹规划裁纸，按顺序粘贴。墙面上下要预留裁割尺寸，一般裁出的壁纸每端应多留5 cm。当壁纸有花纹、图案时，要预先考虑完工后的花纹、图案、光泽效果，且应对接无误，不要随意裁割。同时应根据壁纸花纹、纸边情况采用对口或搭口裁割拼缝。准备粘贴的壁纸，要先刷清水一遍，再均匀刷胶黏剂一遍，使壁纸充分吸湿伸张后便于粘贴。胶底壁纸只需刷水一遍便可。同时墙面也同样刷胶黏剂一遍，厚薄要均匀，宽度要比壁纸多刷2～3 cm，胶黏剂不能刷得过多、过厚、起堆，以防溢出，弄脏壁纸。同一房间要使用同一批壁纸，以免出现色差。

（5）裱糊　壁纸的裱糊，原则是先垂直面后水平面，先细部后大面。贴垂直面时先上而下，贴水平面时，先高后低。第一张壁纸通常从门或窗边开始，首先要垂直铺贴好，然后用刮板或壁纸刷用力抹压平整，同时赶出多余的胶液。从裱糊第二张壁纸开始，就可能对花纹拼缝，一般有搭接法裱糊、推贴法裱糊和拼接法裱糊三种。通常的做法是,将壁纸搭接一定宽度,在搭接部位中心用裁纸刀切割(要一次将两层壁纸都切透),并将上层多余的壁纸拿下,再将上层壁纸轻轻揭起,拿下下层多余的壁纸,最后将两层壁纸的接头压在墙上,并用压辊压实。

(6) 拼贴、搭接和对花　拼贴时,注意阳角处千万不要留缝,由拼缝开始,向外向下,顺序压平、压实。搭接处应密实、拼严,花纹图案应对齐,要避免图案倾斜。阴阳角处应增涂胶黏剂1～2遍,以保证牢固。多余的胶黏剂,应顺操作方向刮挤出纸边,并及时用湿润干净的布抹掉。阴阳角不能用整张壁纸包裹,应将两张壁纸分开裱糊,阳角壁纸必须包过墙角,并不少于20 cm,阴角必须采用搭接接缝。有的壁纸是忌水或忌浆的,要保持纸面干净、清洁。采用搭口拼缝时,要待胶黏剂干到一定程度后,才可用刀具裁割壁纸,小心撕去割出部分,再用刮板压平、压密实。用刀时应一次直落,力量要适当、均匀,不能停顿,以免出现刀痕搭口。同时也不要重复切割,以免搭口起丝影响美观。

(7) 赶压胶黏剂、气泡　壁纸粘贴后,若发现空鼓、气泡时,可用针刺放气,再用注射针挤进胶黏剂。也可用锋利刀具切开泡面,加涂胶黏剂后,再用刮板压平、压密实。

(8) 成品保护　完成后的墙壁、顶棚,其保护是非常重要的。在流水施工作业中,人为的损坏、污染,施工期间与完工后使用期间的空气湿度与温度变化等因素,都会严重影响壁纸的质量。故完工后,应尽量封闭通行或设保护覆盖物。一般还应注意以下几点:

(1) 为避免损坏、污染,裱贴壁纸尽量作为施工作业的最后一道工序,尤其应放在塑料踢脚板铺贴之后;

(2) 裱贴墙纸时空气相对湿度不应过高,一般应低于85%,温度不应剧烈变化;

(3) 在潮湿季节,裱贴壁纸工程竣工后,应在白天打开窗户,加强通风,夜晚关门闭窗,防止潮湿气体侵袭;

(4) 基层、抹灰层应具有一定吸水性,经混合砂浆批嵌、纸筋灰饰面的基层较为适宜于裱贴壁纸,若用建筑石膏饰面效果更佳,水泥砂浆抹光基层的裱贴效果则较差。

墙布裱糊的施工工艺与壁纸基本相同。

五、镶板类墙面装饰

镶板类墙面,是指用竹、木及其制品,以及人造革、有机玻璃等材料制成的各类饰面板,利用墙体或结构主体上固定的龙骨骨架形成的结构层,通过镶、钉、拼、贴等构造手法构成的墙面饰面。这些材料往往有较好的触感和可加工性,所以大量地被用于建筑装饰。

1. 竹、木板类墙面装饰

天然木质饰面面板一般作为装饰贴面,其基层大多是木质,也可贴在石膏板上和其他基面上。其黏结方法是使用木胶、气钉固定,万能胶等胶黏剂黏结,或使用胶水压制和用小钉子钉等方法。其施工方法如下。

(1) 根据设计要求选用相应的木质饰面面板,按需要剪裁符合设计要求的面板,裁料一般用美工刀靠直尺用力均匀划裁,当划至1/2以上深度后,木口可用力合拢使之顺刀痕裂开,裁下的料应用刨子或砂纸刨光或砂光,有特殊要求拼花、拼角的应试拼,符合设计要求后方能粘贴。

(2) 饰面的基层基础应保持平整,尺寸要符合设计要求,基层应无油渍、灰尘和污垢。

(3) 木质饰面用以黏结的木胶应选用符合现行国家质量要求与环保要求的产品,开箱检查应保证无变质,具有产品合格证并处于有效使用期内。木胶涂刷要均匀,不得堆积与漏刷,贴面时要按方向顺序贴,同时用压缩气钉固定。

(4) 采用“立时得”等即时贴面的,因为黏合后不易调整,所以黏合前必须试合,黏合时要根据各自认定的基准线轻轻粘贴上一边，然后全部粘上拍实。“立时得”刷胶要匀，用带锯齿的平板顺方向刮平，多余的胶水要去除。

(5) 为了确保木质饰面面板的安装质量要求，有条件的可在使用前采用油漆封底，避免运输、搬运和切割或拼装时污染木质饰面。

竹、木及其制品可用于室内墙面饰面，经常被做成护壁或用于其他有特殊要求的部位。该类产品有的纹理色泽丰富，手感好；有的表面粗糙，质感强，如甘蔗糖板等具有一定的吸声性能；有的光洁、坚硬、组织细密，还具有一定的意义、独特的风格和浓郁的地方色彩。

用木条、木板制品做墙体饰面，可做成木护墙、木墙裙(1～1.8 m)，或者饰面一直做到顶。

木、竹条板饰面的施工工艺流程基本相同：预埋防腐木砖、固定木骨架—骨架层技术处理—面板固定。具体介绍如下。

(1) 预埋防腐木砖、固定木骨架　骨架与墙面的固定方法如图 2-15 所示。

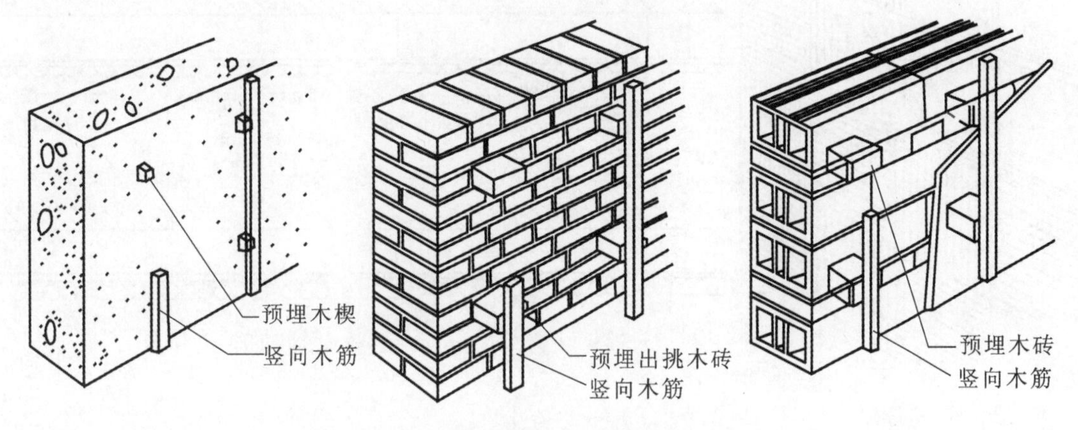

图 2-15　骨架与墙面的固定方法

(2) 骨架层技术处理　为了防止墙体的潮气使面板变形，应采取防潮构造措施。

(3) 面板固定　将木面板用钉子钉在木骨架上，也可以胶黏加钉接，或用螺丝直接固定。

木条、竹饰面构造图如图 2-16 所示。

2. 装饰防火板饰面

装饰防火板饰面的安装与其他装饰面板安装的施工工艺基本相同。另外，由于装饰防火板的特别之处，因此它安装时还应注意以下几点。

(1) 装饰防火板对基层的要求强于普通木质饰面板，除了要求基层必须无油渍、无灰尘、无钉外露外，还要求基层必须是平整的实体面，无宽缝、无凹陷、无空洞。

(2) 装饰防火板安装必须满足适当的温度与湿度，一般室内温度低于 5 ℃或高于 40 ℃，以及连续阴雨和梅雨季节都不宜安装。

(3) 装饰防火板只适宜使用“立时得”类快干型黏合材料作为胶黏剂(特殊的压制加工除外)。

(4) 装饰防火板贴面时应保持施工现场环境的整洁，上胶要均匀，用锯齿型平板刮平，多余的胶液要去除，被粘基层也应刷同一品种的胶黏剂；等饰面板表面的胶液发白稍干后(可用手试，以黏不起来为宜)，将防火板饰面对准事先画好的基线轻轻粘上一边，视正确无误后，一面推住黏结点，一面顺序抹平，边放边推，直到全部粘上，然后用硬木块垫在饰面上轻轻敲实粘平，注意如有气泡，应将全部气泡排除后，方能敲紧。装饰防火板安装后要及时清除饰面表面的胶迹、手迹和油污，并作好遮挡保护。

(5) 装饰防火板较脆，厚度在 1 mm 左右，易碎，因此在搬运中应避免碰撞损角，堆放时应平放、防潮、防重

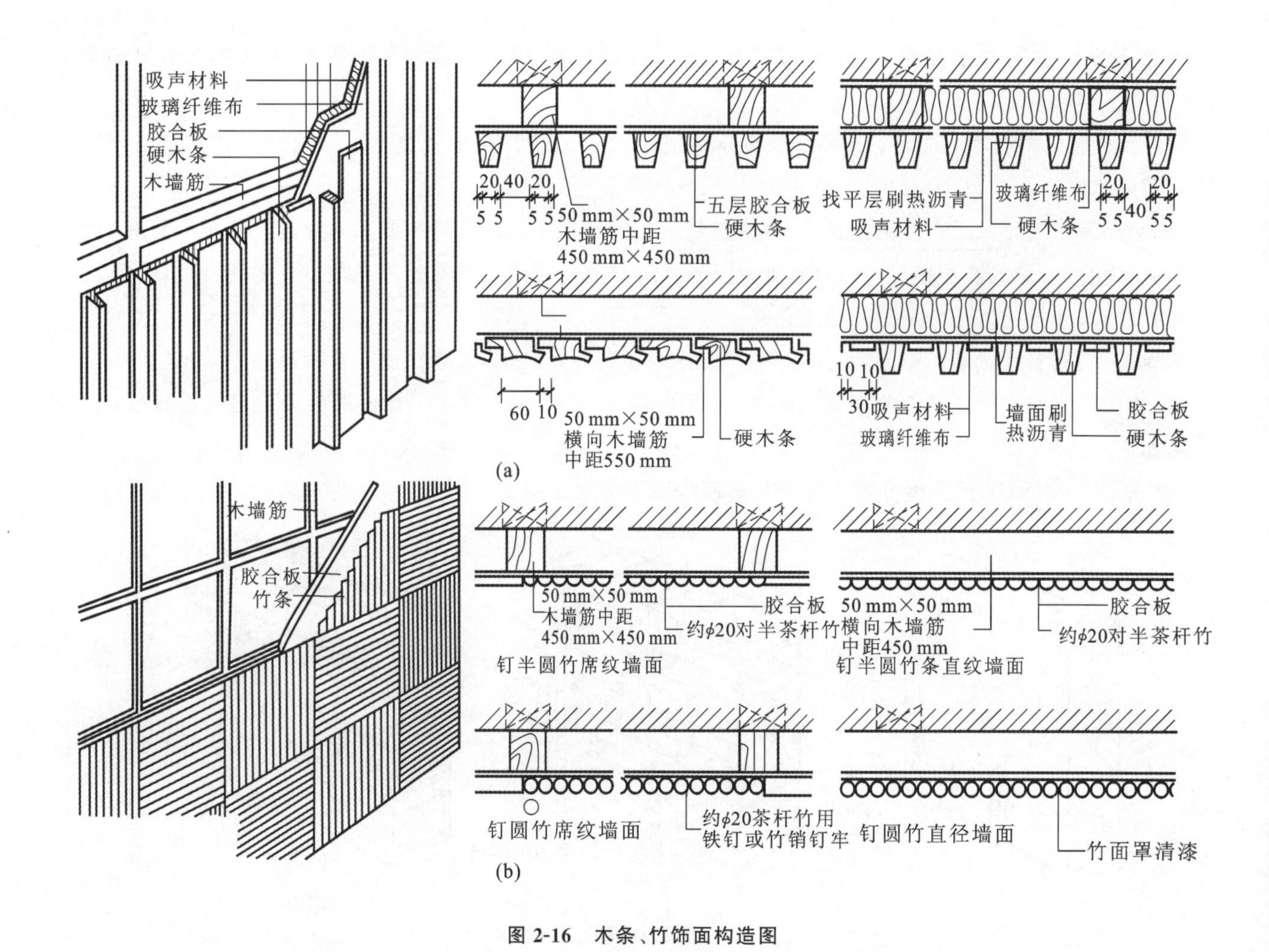

图 2-16 木条、竹饰面构造图

(a) 木条构造图;(b) 竹饰面构造图

压,单张应轻轻卷起竖放,使用前应平放使其恢复平整。

(6) 装饰防火板施工中应注意气泡现象,关键是粘贴时空气要排尽。面积稍大的应两人协调安装,以排除空气,避免气泡起拱,粘贴以平服为准。防火板的收边可用板锉,依照转角进行修整,也可用修边机修整。

(7) 装饰防火板用胶水并不是越多越好,关键是涂抹要均匀,厚薄要一致。刷胶动作要协调,快慢视胶水挥发程度而定,黏合时应等胶水稍干后进行。

(8) 装饰防火板用胶黏剂属快干型,粘贴后不易移动调整,因此粘贴前务必试拼或画线作基准。移位后撕下的材料一般不能重新使用,应另外配料重贴,所以一定要慎重。

(9) 冬季施工胶液挥发较慢,切不可用太阳光等光线或火源烘烤,以防引燃而酿成火灾。“立时得”类型的胶黏剂属易燃物品,用后空桶应集中存放处理,切不可现场乱扔或在接近电焊、切割等明火作业场所施工,要保证安装现场有符合要求的灭火器材与设施。

(10) 装饰防火板适用于室内装饰,而室外装饰必须使用室外用防火板。

3. 皮革及人造革饰面墙

皮革及人造革墙饰面也被称作软包墙面,具有质地柔软、保温性能好、能吸声减震、易于清洁、格调高雅等特点。它们打破了墙面冷冰冰的感觉,使墙面“温柔”起来,适用于健身房、练功房、幼儿园等的房间,以及卡拉OK厅、舞厅、咖啡厅、宾馆客房、会客厅等处,能使环境更优雅舒适。另外,也用于电话间、录音室等声学要求较高的房间，如图 2-17 所示。

图 2-17 皮革及人造革饰面墙

皮革及人造革饰面构造与木护墙的构造方法相似，墙面应先进行防潮处理，先抹防潮砂浆、粘贴油毡，然后再通过预埋木砖立墙筋，钉胶合板衬底，墙筋间距按皮革面分块，用钉子将皮革按设计要求固定在木筋上。其施工工艺流程为：基层处理—弹线—裁剪—粘贴面料—安装压条—整理。饰面构造如图2-18 所示。

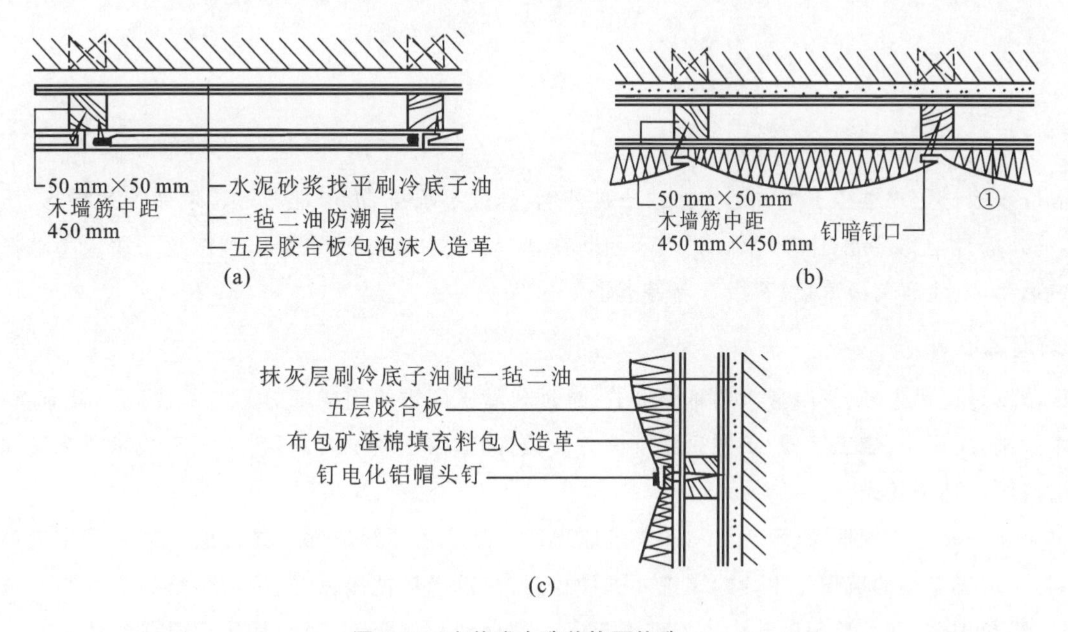

图 2-18 皮革或人造革饰面构造

(a) 预埋木砖、钉胶合板衬底；(b) 固定皮革或人造革；(c) 图(b)中①点处截面放大

4. 玻璃类

玻璃墙面是选用普通平板玻璃或特制的彩色玻璃、压花玻璃、磨砂玻璃等作墙面。玻璃墙面光滑易清洁，用于室内可以起到活跃气氛、扩大空间等作用；用于室外可结合不锈钢、铝合金等作门头等处的装饰。

玻璃墙面的构造方法是：首先在墙基层上设置一层隔气防潮层；然后按采用的玻璃尺寸立木筋，纵横成框格，在木筋上做好衬板；最后固定玻璃。

玻璃墙面的施工工艺流程为:基层处理—玻璃切割—玻璃固定—表面清理。

玻璃固定的方法有四种:螺钉固定、嵌钉固定、粘贴固定和嵌条固定,如图 2-19 所示。

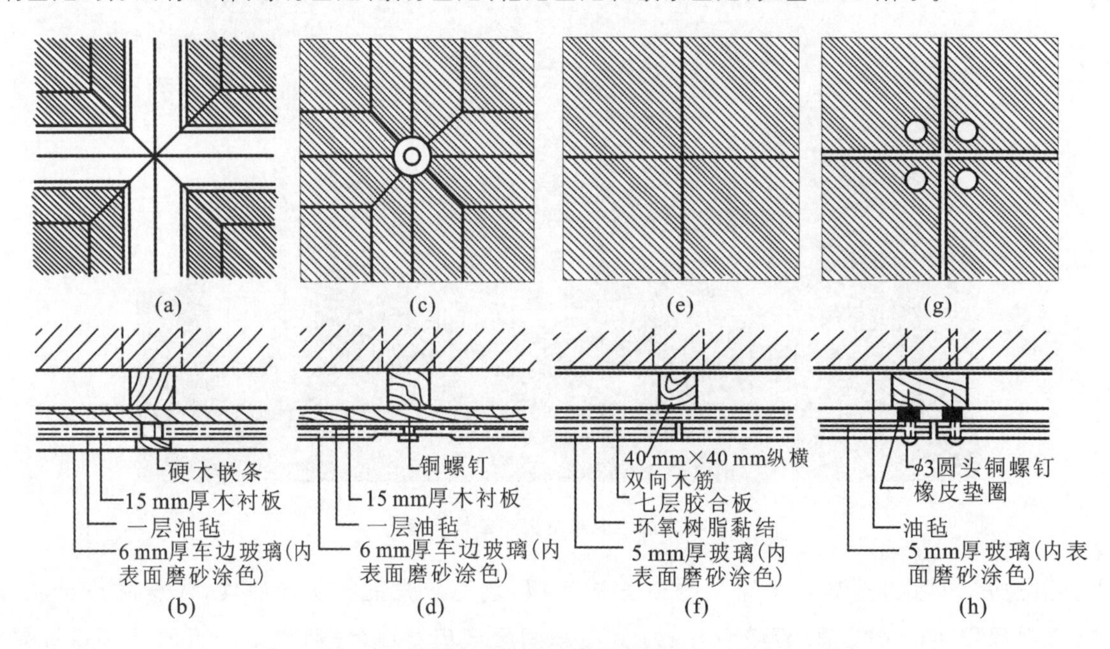

图 2-19　玻璃墙饰面构造

(a) 嵌条固定示例;(b) 嵌条固定构造;(c) 嵌钉固定示例;(d) 嵌钉固定构造;
(e) 粘贴固定示例;(f) 粘贴固定构造;(g) 螺钉固定示例;(h) 螺钉固定构造

六、幕墙类装饰

幕墙是以板材形式悬挂于主体结构上的一种外墙,一般不承重,形似挂幕。幕墙装饰效果好、质量小、安装速度快,是外墙轻型化、装配化较理想的形式,因此在现代大型和高层建筑上得到广泛采用。幕墙按材料不同,可分为玻璃幕墙、金属薄板幕墙、石板幕墙等类型。

1. 玻璃幕墙

玻璃幕墙是运用最多、影响最大的幕墙形式,是现代建筑的重要组成部分。它的优点是具有新颖而丰富的装饰艺术效果,质量小,施工简便、工期短和维修方便;它的缺点是造价高,材料和施工技术要求高,幕墙的反射光线会造成周围环境的光污染。

玻璃幕墙一般由结构框架、填衬材料和幕墙玻璃所组成。主要组成部分是饰面玻璃和固定玻璃的框架(也就是骨架)。玻璃幕墙的玻璃是主要的建筑外围护材料,应选择热性能良好、抗冲击能力强的特种玻璃,通常有钢化玻璃、吸热玻璃、镜面反射玻璃和中空玻璃等。金属框料有铝合金、铜合金及不锈钢型材。

1) 按承重方式分类

玻璃幕墙根据承重方式不同,可分为框支玻璃幕墙、点支玻璃幕墙和全玻幕墙三种。一般说来,金属薄板幕墙和石板幕墙也属于框支幕墙。

框支玻璃幕墙按其构造方式可分为明框玻璃幕墙、隐框玻璃幕墙和半隐框玻璃幕墙。

其中,半隐框玻璃幕墙利用结构硅酮胶为玻璃相对的两边提供结构支持力,另两边则用框料和机械性扣件进行固定。隐框玻璃幕墙由于在建筑物的外表面不显露金属框,上下左右结合部位尺寸也相当窄小,因而可产生全玻璃的艺术感觉。

2）按施工方法分类

根据施工方法的不同，玻璃幕墙又可分为现场组合的构件式玻璃幕墙和工厂预制后再到现场安装的板块式玻璃幕墙两种。

（1）构件式玻璃幕墙是指在施工现场将金属框架、玻璃、填充层和内衬墙以一定顺序进行组装。玻璃幕墙通过金属框架把自重和风荷载传递给主体结构。传递方式可以通过竖梃方式，也可以通过横档。目前主要采用竖梃方式。构件式玻璃幕墙结构如图 2-20 所示。

（2）板块式玻璃幕墙是指在工厂就将玻璃、铝框、保温隔热材料组装成一块块幕墙定型单元，以幕墙单元形式在现场完成安装施工的框支承玻璃幕墙。

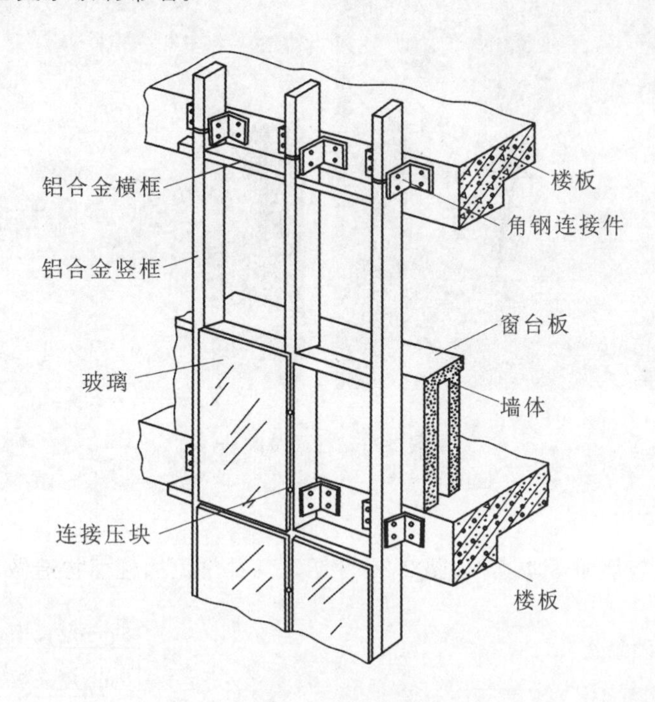

图 2-20 构件式玻璃幕墙结构示意图

2. 金属薄板幕墙

金属薄板幕墙类似于玻璃幕墙，是由工厂定制的折边金属薄板作为外围护墙面，与窗一起组合成幕墙，形成闪闪发光的金属墙面，有独特的现代艺术感。

金属薄板幕墙按使用材料不同，可分为铝板幕墙和不锈钢板幕墙等。单层饰面铝板的厚度一般不会很厚，应将板四周折边，或冲成槽形。为加强铝板的刚度，可采用电焊将铝螺栓焊接在铝板背面，再将加固角铝紧固在螺栓上；或者直接用结构胶将饰面铝板固定在铝方管上。复合铝板一般厚度较大，可根据单块幕墙面积大小将复合铝板加工成平板式、槽板式或加劲肋式等几种形式。

3. 石板幕墙

石板幕墙具有耐久性好、自重大、造价高的特点，主要用于重要的、有纪念意义或装修要求特别高的建筑物。

石板幕墙需选用装饰性强、耐久性好、强度高的石材。应根据石板与建筑主体结构的连接方式，对石板进行开孔槽加工。石板与建筑主体结构的装配连接方式有两种，一种是干挂法，另一种是采用与隐框玻璃幕墙类似的结构装配组件法。

七、柱面装饰

柱子是建筑物的重要组成部分，它往往是重点装饰的部位，应根据不同的使用和装饰要求选择相应的材料、构造方法和施工工艺，从而满足装饰性、安全性等的要求。

柱面装饰所用材料与墙体饰面所用材料基本相似，如：木饰面板（柚木、橡木、榉木、胡桃木）、金属饰面板（不锈钢、铝合金、铜合金、铝塑饰面板）、石材饰面板（大理石、花岗石）等，如图 2-21 所示。

图 2-21　柱面装饰

1. 常见柱面的基本构造

大部分柱面的装饰构造与墙面基本类似，图 2-22 介绍了几种常见的柱面构造做法。

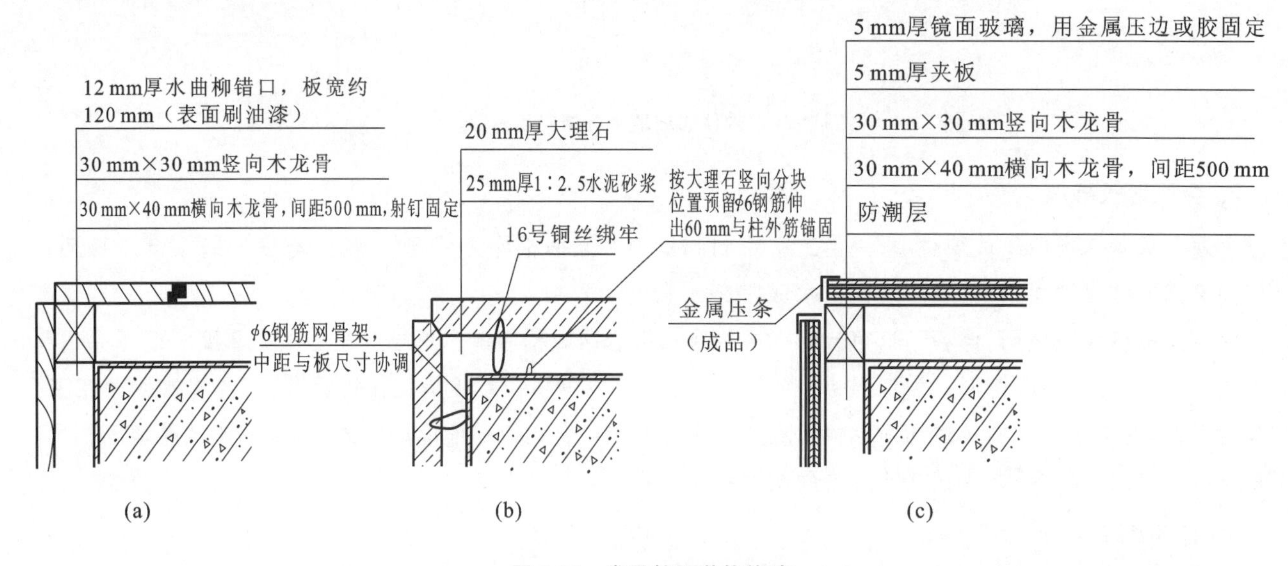

图 2-22　常见柱面装饰构造

(a) 企口木板贴面；(b) 大理石贴面；(c) 玻璃镜贴面

2. 造型柱的基本构造

造型柱是指因造型需要将原结构柱装饰成一定形状和尺寸的柱子，通常是将方柱包成圆柱，或将小断面柱包成大断面柱。该类包柱饰面的基本构造主要包括以下几个部分。

1）基层骨架

包柱需要先制成包柱骨架，然后拼成所需要的形状。骨架材料多为木和钢两种。木骨架一般采用 40mm×40mm 的木方，通过加胶钉接或榫槽连接成框体。骨架与柱子通过支撑杆连接，如图 2-23 所示。铁骨架通常用 L50 mm×50 mm 的角钢焊接而成，圆形骨架的横向龙骨可用扁铁代替。图 2-24 所示为空心石板圆柱的构造图，其骨架为钢结构。

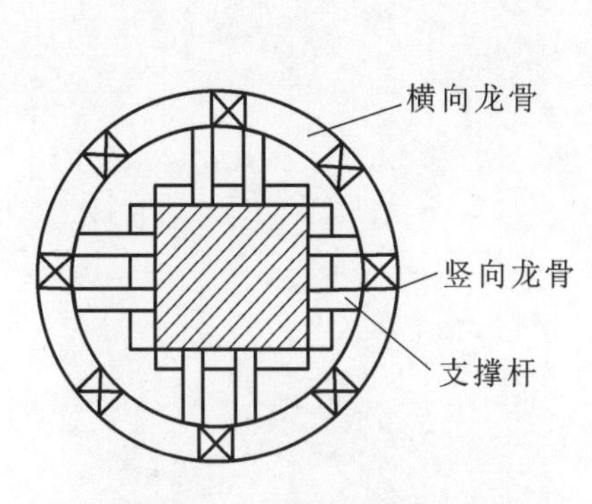

图 2-23　装饰圆柱的木龙骨

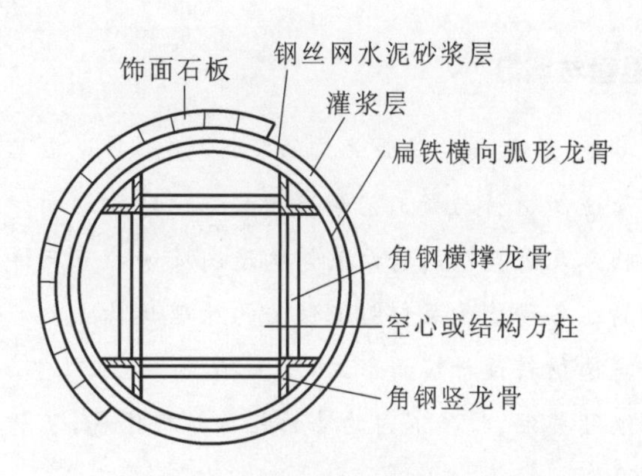

图 2-24　空心石板圆柱

2）饰面基层板

设置基层板的目的是增加饰面骨架的刚度，便于粘贴面层板。基层板通常用胶合板加工而成。对于圆柱一般选择弯曲性较好的薄三夹板，围贴时在木骨架的外面刷胶液后，再钉牢。

3）饰面板

造型柱的饰面板主要有金属、石材、木饰面板等。下面介绍几种常见的饰面板安装方法。

(1) 不锈钢板饰面安装　不锈钢方柱一般将不锈钢板用万能胶直接粘贴于基层木夹板上，转角处用不锈钢成型角压边，再用少量玻璃胶封口，如图 2-25 所示。不锈钢圆柱的不锈钢饰面板是在工厂加工成 2 片或 3 片曲面板进行组装的。安装时的关键是处理好片与片之间的对口。对口方式有直接卡口式和嵌槽压口式两种。直接卡口式就是在对口处先安一个不锈钢卡口槽，用螺钉固定在柱体骨架的凹部，然后只需将不锈钢板一端的弯曲部勾入卡口槽内，再用力推按另一端，利用不锈钢的弹性，使其卡入另一个卡口槽内，如图 2-26(a)所示。而嵌槽压口式如图 2-26(b)所示。安装时先把不锈钢板在对口处的凹部用螺钉或铁钉固定，再把一根宽度小于凹槽的木条固定在凹槽中间，两边留出相等的间隙，宽 1 mm 左右。然后在木条上涂刷万能胶，待胶面不黏手时，向木条上嵌入不锈钢槽条。

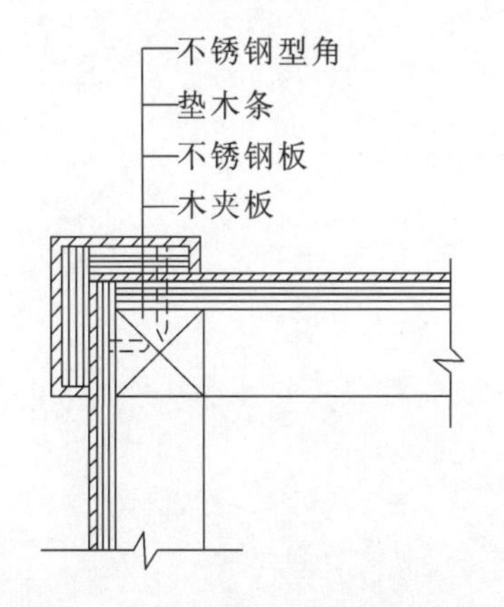

图 2-25　不锈钢方柱的转角及收口

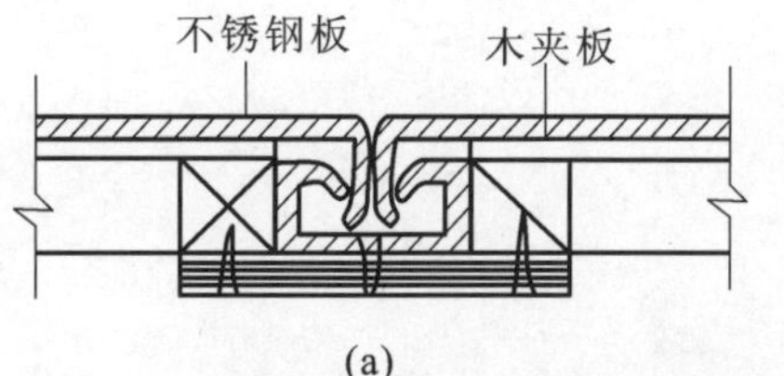
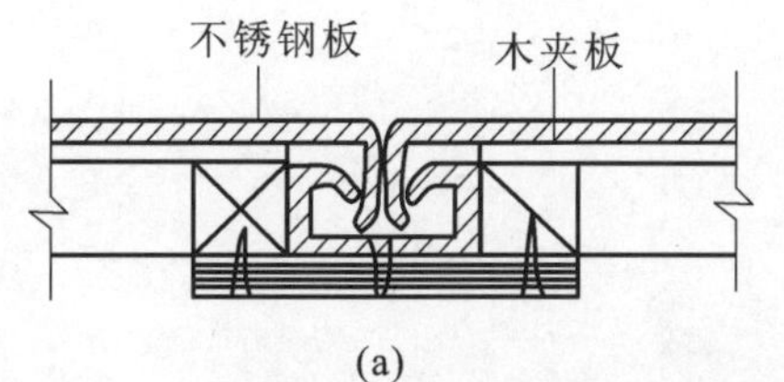

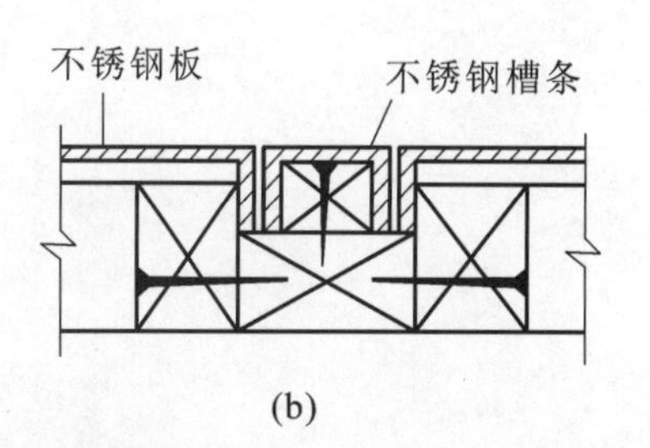

图 2-26　不锈钢饰面板安装

(a) 直接卡口式；(b) 嵌槽压口式

(2) 空心石板圆柱饰面的安装　如前所述,空心石板圆柱饰面构造如图 2-24 所示。圆形钢骨架安装以后,在镶贴石板前应挂钢丝网、栓铜丝、批嵌 1∶3 的水泥砂浆。钢丝网用 16～18 号钢丝,网格为 20～25 mm。由于不易直接焊于骨架上,可先焊 8 号铁丝于骨架上,再将钢丝网焊于 8 号铁丝上,然后在横向龙骨上绑铜丝,铜丝伸出钢丝网外。一块石面板用一条铜丝,如石面板尺寸小于 100mm×250 mm,可不用铜丝。批嵌水泥砂浆从上向下进行,然后利用靠模由下而上贴石面板。勾挂方法同大理石墙面。

思考与练习

1. 参观、收集各类墙面装饰的装饰材料,并说出其所用材料的特性。
2. 简述新材料与新工艺对墙面装饰设计的影响。
3. 临摹几种典型的墙面装饰构造图及细部节点详图。
4. 简述各种墙面装饰施工做法的原理及特点。
5. 自选材料设计墙面形式,写出相应的施工工艺,并绘制相应构造图。
6. 继续关注、收集不同的墙面装饰材料信息,了解其施工工艺。

项目三
顶棚装饰材料及施工工艺

ShiNeiZhuangShi
CaiLiao Yu GouZao（DI-ERBAN）

教学目标

最终目标:(1) 熟悉顶棚常用装饰材料的基本性能和规格;

(2) 掌握常见顶棚装饰的施工工艺和构造;

(3) 了解常见顶棚装饰的构造做法,能够准确快速识读构造图。

促成目标:(1) 能在设计中正确选用材料,能够灵活运用不同的材料和选择不同做法来实现设计意图;

(2) 能够绘制常见的顶棚装饰节点构造图。

工作任务

(1) 学习常用的顶棚装饰材料;

(2) 掌握常见顶棚装饰的施工工艺;

(3) 识读并临摹常见顶棚装饰构造图。

活动设计

1. 活动思路

从设计和施工的角度出发,学生应了解目前常用装饰材料的基本性能、特征及规格;通过多媒体图例和样板间样品,系统学习常用顶棚装饰材料;同时,通过对施工工艺视频资料学习和构造实训室的实际操作,结合施工现场观摩、考察,学生应对顶棚材料及其施工工艺与构造有一个完整的感知,并能应用于实践中。

2. 活动组织

活动组织如表 3-1 所示。

表 3-1 活动组织

序号	活动项目	具体实施	课时	课程资源
1	顶棚装饰常用材料及性能	理论讲授和讨论分析	2	多媒体、材料样品
2	顶棚装饰常用材料及性能	辅导与讨论分析	2	材料展示样板间、材料构造样板间
3	顶棚施工工艺	辅导与讨论分析	2	多媒体、视频资料
4	顶棚装饰构造的分类	理论讲授和讨论分析	2	多媒体
5	工地观摩	考察与讲解	2	工地

3. 活动评价

评价内容为学生作业;评价标准如表 3-2 所示。

表 3-2 评价标准

评价等级	评价标准
优秀	能够选用合适的材料设计顶棚形式,写出相应的施工工艺,并绘制相应构造图。设计新颖,施工工艺合理可行,且能够合理利用材料的特性和装饰构造的原理
合格	能够选用合适的材料设计顶棚形式,写出相应的施工工艺,并绘制相应构造图。设计普通,施工工艺基本合理可行,基本能够利用材料的特性和装饰构造的原理
不合格	能够设计顶棚形式,写不出相应的施工工艺,绘制不出相应构造图;对顶棚装饰材料的特性和装饰构造原理掌握不够

顶棚是位于建筑物楼层盖下表面的装饰构件,俗称天花板,是建筑内部空间的上部界面,也是装饰设计处理的重要部位。

1. 顶棚装饰的特点

顶棚可以通过各种材料和构造技术组成形式各异的界面造型。无论何种造型形式，都应该具有以下特点：

(1) 具有轻快感，简洁、明亮，构图稳重大方；

(2) 满足结构安全要求，构造合理可靠，材料防火性能好；

(3) 满足顶棚内部设施设备安装使用功能的要求（如暖通、消防自动喷淋等）。

近年来，顶棚装饰又被赋予了新的特殊功能和要求，如保温、隔热、隔音、吸声等，因此利用顶棚装饰可以调节和改善室内热环境、光环境及声环境等。

2. 顶棚装饰的作用

顶棚装饰的作用有很多，归纳起来是以下两点：

(1) 满足使用功能的要求，隐藏与室内环境不协调的因素；

(2) 增强室内装饰效果，给人以美的感受。

顶棚的造型、高低、灯光布置和色彩处理，都会使人们对空间的视觉、音质环境产生不同的感受，如图 3-1 至图 3-6 所示。

图 3-1 顶棚示例一

图 3-2 顶棚示例二

图 3-3 顶棚示例三

图 3-4　顶棚示例四

图 3-5　顶棚示例五

图 3-6　顶棚示例六

3. 吊顶的一般规定

(1) 吊顶工程中的木吊杆、木龙骨和木饰面板必须进行防火处理,并应符合有关设计防火规范的规定。《建筑内部装修设计防火规范》规定顶棚装饰装修材料的燃烧性能必须达到A级或B1级。装修材料燃烧性能等级表见表3-3。未经防火处理的木质材料的燃烧性能达不到上述标准要求。

表 3-3　装修材料燃烧性能等级表

等　　级	装修材料燃烧性能
A	不燃性
B1	难燃性
B2	可燃性
B3	易燃性

(2) 吊顶工程中的预埋件、钢筋吊杆和型钢吊杆应进行防锈处理。

(3) 安装饰面板前应完成吊顶内管道和设备的调试及验收。

(4) 吊杆距主龙骨端部距离不得大于300 mm,当大于300 mm时,应增加吊杆。当吊杆长度大于1.5 m时,应设置反支撑。当吊杆与设备相遇时,应调整并增设吊杆。

(5) 重型灯具、电扇及其他重型设备严禁安装在吊顶工程的龙骨上。轻型设备如小型灯具、烟感器、喷淋头、风口篦子等可以固定在饰面材料上。

室内装修防火的一般规定可参照国家标准《建筑内部装修设计防火规范》(GB 50222—1995)。部分规定如下。

(1) 安装在钢龙骨上燃烧性能达到B1级的纸面石膏板、矿棉吸声板,可作为A级装修材料使用。

(2) 当胶合板表面涂覆一级饰面型防火涂料时,可作为B1级装修材料使用。

(3) 面密度小于300 g/m² 的纸质、布质壁纸,当直接粘贴在A级基材上时,可作为B1级装修材料使用。

(4) 施涂于A级基材上的无机装饰涂料,可作为A级装修材料使用;施涂于A级基材上,湿涂覆比小于1.5 kg/m² 的有机装饰涂料,可作为B1级装修材料使用。

单元一 顶棚装饰材料

顶棚装饰材料主要由龙骨、吊杆和饰面材料组成。

一、龙骨

1. 铝合金龙骨

用于吊顶龙骨的铝合金材料经过电氧化处理后色泽光亮、色调柔和,具有不锈、质轻、防火、抗震、安装方便等特点,适用于室内吊顶装饰。吊顶龙骨可与板材组成450 mm×450 mm、500 mm×500 mm、600 mm×600 mm的方格,美观大方,不需要大幅面的吊顶板材,可灵活选用小规格吊顶材料。

2. 轻钢龙骨

轻钢龙骨是以镀锌钢带或薄钢板由特制轧机经多道工艺轧制而成的。它具有强度大、通用性强、耐火性好、安装简易等优点,可装配各种类型的石膏板、钙塑板、吸声板等。轻钢龙骨支架用作墙体隔断和吊顶,形态美观大方。它广泛用于各种民用建筑工程及轻纺工业厂房等场所,能起到改善室内装饰造型、隔音等作用。

轻钢龙骨断面有U型、C型、T型及L型。吊顶龙骨代号D,隔断龙骨代号Q。吊顶龙骨分主龙骨(又叫大龙骨、承重龙骨)和次龙骨(又叫覆面龙骨,包括中龙骨和小龙骨)。隔断龙骨则分竖龙骨、横龙骨和贯通龙骨等。

轻钢龙骨的外形要平整,棱角要清晰,切口不允许有影响使用的毛刺和变形。龙骨表面应镀锌防锈,不允许有起皮、脱落等现象。对于腐蚀、损伤、麻点等缺陷也需按规定检测。轻钢龙骨的产品规格、技术要求、试验方法和检验规则在国家标准《建筑用轻钢龙骨》(GB/T 11981—2008)中有具体规定。隔断龙骨主要规格有Q50、Q75和Q100,吊顶龙骨主要规格有D38、D45和D60。

3. 木龙骨

木龙骨目前仍然是家庭装修中常用的骨架材料。木龙骨俗称木方,主要是由松木、椴木、杉木等树木加工成截面长方形或正方形的木条,如图3-7所示。

图 3-7 木龙骨

根据使用部位划分，木龙骨可以分为吊顶龙骨、竖墙龙骨、铺地龙骨等。木龙骨最大的优点就是价格便宜且易施工。但木龙骨自身也有不少问题，比如易燃，易霉变腐朽等。在作为吊顶和隔墙龙骨时，需要在其表面再刷上防火涂料。在作为实木地板龙骨时，则最好进行相应的防霉处理。

木龙骨选择要点如下。

(1) 新鲜的木龙骨略带红色，纹理清晰；如果其色彩呈现暗黄色，且无光泽，则说明是朽木。

(2) 看所选木方横切面的规格是否符合要求，头尾是否光滑均匀，不能大小不一。同时木龙骨必须平直，不平直的木龙骨容易引起结构变形。

(3) 要选择节疤较少及较小的木龙骨。如果木节疤大且多，螺钉、钉子在木节疤处会拧不进去或者钉断木方，容易导致结构不牢固。

(4) 要选择密度大、质地紧实的木龙骨。若是用手指甲抠，好的木龙骨不会有明显的痕迹。

二、吊杆

吊杆是将吊顶部分与建筑结构连接起来的承重传力构件。它的作用一是承受吊顶的荷载，并将这一荷载传递给屋面板、楼板、屋顶梁及屋架等部位；二是调整、确定悬吊式顶棚的空间高度，以适应不同场合、不同艺术处理的需要。

三、饰面材料

木龙骨吊顶的面层一般采用人造木板(如胶合板、纤维板、木丝板、刨花板等)面层、板条(金属网)抹灰层或PVC扣板。

金属龙骨的吊顶面层一般采用装饰吸声板(如纸面石膏板、钙塑泡沫板、纤维板、矿棉板等)和金属装饰板(如不锈钢板、防锈铝板、电化铝板、镀锌钢板等)。

饰面材料的材质、品种、规格、图案和颜色应符合设计要求。当饰面材料为玻璃板时，应使用安全玻璃或采取可靠的安全措施。木饰面板必须进行防火处理。

常用的植物板包括各种木条板、胶合板、装饰吸声板、纤维板、木丝板、刨花板等，矿物板包括石膏板、矿棉板、玻璃棉板和水泥板等；金属板包括铝板、铝合金板、薄钢板、镀锌铁板等；新型高分子聚合物板包括 PVC 板等。

各种板材在使用中要根据所用空间的功能要求来选择，通常应考虑质轻、防火、防潮、吸声、隔热、保温等要求，但更重要的是结构牢固可靠，装饰效果好，便于施工和检修拆装。以下介绍部分饰面板材。

1. 石膏板

石膏及其制品具有质量小、强度高、防火、隔热、防潮、吸声、形体饱满、线条清晰、表面光滑而细腻、装饰效果好等特点，因而是设计顶棚时常用的装饰材料之一，石膏装饰制品主要有装饰石膏板和石膏艺术装饰部件等。

1）纸面石膏板

常用的纸面石膏板按照性能不同，可分为普通纸面石膏板（代号 P）、耐火纸面石膏板（代号 H）、耐水纸面石膏板（代号 S）和高级普通纸面石膏板（代号 GP）、高级耐火纸面石膏板（代号 GH）、高级耐水纸面石膏板（代号 GS），以及普通装饰纸面石膏板（代号 ZP）和防潮装饰纸面石膏板（代号 ZF）。

耐水纸面石膏板是以建筑石膏为主要原料，掺入适量纤维增强材料和耐水外加剂等，在与水搅拌后，浇注于耐水护面纸的面纸与背纸之间，并与耐水护面纸牢固地黏结在一起，旨在改善防水性能的建筑板材。

耐火纸面石膏板的芯材是在建筑石膏料浆中掺入适量无机耐火纤维增强材料后制作而成的。耐火纸面石膏板的主要技术要求是，在高温明火下燃烧时，板材能在一定时间内保持不断裂。国家标准《纸面石膏板》(GB/T 9775—2008)规定，板材的遇火稳定性时间不少于 20 min。

普通、耐水、耐火三类纸面石膏板，按棱边形状划分，均有矩形、45°倒角形、楔形和圆形四种产品。产品的规格尺寸是：公称长度为 1 500 mm、1 800 mm、2 100 mm、2 400 mm、2 440 mm、2 700 mm、3 000 mm、3 300 mm、3 600 mm 和 3 660 mm，公称宽度为 600 mm、900 mm、1 200 mm 和 1 220 mm，公称厚度为 9.5 mm、12.0 mm、15.0 mm、18.0 mm、21.0 mm 和 25.0 mm。

普通纸面石膏板外观质量要求为板面平整，不应有影响使用的波纹、沟槽、亏料、漏料和划伤、破损、污痕等缺陷。它适用于办公楼、影剧院、饭店、宾馆、候车室、候机楼、住宅等建筑的室内吊顶、墙面、隔断、内隔墙等的装饰。纸面石膏板仅适用于干燥环境中，不宜用于厨房、卫生间、厕所及其他空气相对湿度大于 70%的潮湿环境中。

纸面石膏板的特点概括起来主要有以下几点。

(1) 施工安装方便，节省占地面积　纸面石膏板的可加工性很好，可锯、可刨、可钻、可贴，施工灵活方便。用石膏板作为内隔墙还可便于室内管线敷设及检修。采用石膏板作为墙体材料，可节省墙体占地面积。增加建筑空间利用率。以 120 mm 厚的内隔墙为例，相当于增加了 17.5%的建筑空间。

(2) 耐火性能良好　纸面石膏板的芯材是由建筑石膏水化而成的，所以石膏板中的石膏是以 $CaSO_4 \cdot 2H_2O$ 的结晶形态存在的。一旦发生火灾，石膏板中的二水石膏就会吸收热量而进行脱水反应。当石膏芯材所含结晶水并未完全脱出和蒸发完毕之前，纸面石膏板板面温度不会超过 140 ℃，这一良好的防火特性可以为人们疏散赢得宝贵时间，同时也延长了防火时间。与其他材料相比，纸面石膏板在发生火灾时只释放出水并转化为水蒸气，不会释放出对人体有害的成分，而有些材料遇火灾时，往往会散发出对人体有害的成分，如有毒的浓烟等。

(3) 隔热保温性能好　纸面石膏板的传热系数只有普通水泥混凝土的 9.5%，是空心黏土砖的 38.5%。如果在生产过程中加入发泡剂，石膏板的密度会进一步降低，其传热系数将变得更小，保温隔热性能就会更好。由于其多孔，隔音效果也很好。

(4) 室温环境下膨胀收缩系数小　纸面石膏板的线膨胀系数很小,加上石膏板又在室温下使用,所以它的线膨胀系数可以忽略不计。但纸面石膏板的干缩湿胀现象相对而言比较大,把纸面石膏板放置于 100 ℃的湿饱和蒸汽中 1 h,其长度伸胀率为 0.09%。当然,石膏板很少用于这种环境条件中。

(5) 具有特殊的“呼吸”功能　这里所说的纸面石膏板的“呼吸”功能,并非是指它像动物一样需要呼吸空气才能生存,而是对它吸湿解潮行为的一种形象描述。由于纸面石膏板是一种存在大量微孔结构的板材,在自然环境中,其多孔体的不断吸湿与解潮的变化,即“呼吸”作用,维持着纸面石膏板的湿度动态平衡,因此它的质量随环境温湿度的变化而变化。这种“呼吸”功能的最大特点是能够调节居住及工作环境的湿度,创造一个舒适的小气候。

2) 装饰石膏板

装饰石膏板是以纸面石膏板为基材,在其正面经涂敷、压花、贴膜等加工后,用于室内装饰的板材。装饰石膏板形状为正方形,其棱边断面形状有直角形和 45°倒角形两种。

装饰石膏板正面不得有影响装饰效果的气孔、污痕、裂纹、缺角、色彩不均和图案不完整等缺陷。装饰石膏板的表面细腻,色彩、花纹图案丰富,浮雕板和孔板具有较强的立体感,质感亲切,给人以清新柔和之感,并且具有质轻、强度较高、保温、吸声、防火、不燃、调节室内湿度等特点。装饰石膏板广泛应用于宾馆、饭店、餐厅、礼堂、影剧院、会议室、医院、幼儿园、候车(机)室、办公室、住宅等的吊顶、墙面等。

3) 穿孔石膏板

穿孔石膏板是以装饰石膏板、纸面石膏板为基板,在其上设置孔眼而形成的轻质建筑板材。它有一定强度,易加工,易安装。穿孔石膏板按基板的不同和有无背覆材料(贴于石膏板背面的透气性材料)来分类,按基板的特性可分为普通板、防潮板、耐水板和耐火板等。

穿孔石膏板主要用于播音室、音乐厅、影剧院、会议室及其他对音质要求高的或对噪声限制较严的场所,可用作吊顶、墙面等的装饰吸声材料。使用时可根据建筑物的功能及室内湿度的大小,来选择不同的基板。表面不再进行装饰处理的,其基板应为装饰石膏板;需进一步进行饰面处理的,其基板可选用纸面石膏板。

吸声用穿孔石膏板不应有影响使用和装饰效果的缺陷。对以纸面石膏板为基板的板材不应有破损、划伤、污痕、纸面剥落等缺陷;对以装饰石膏板为基板的板材不应有裂纹、污痕、气孔、缺角、色彩不均等缺陷。

2. 矿棉装饰吸声板

矿棉装饰吸声板具有吸声、防火、隔热的综合性能,而且可制成各种色彩和图案的立体形表面,是一种室内高级顶棚装饰材料。按表面加工方法不同,有普通型、沟槽型、印刷型和浮雕型等四种类型的装饰板。常用规格有 300 mm×300 mm×18 mm 和 600 mm×600 mm×18 mm。

矿棉装饰吸声板主要用于工装,广泛应用于宾馆、饭店、餐厅、礼堂、影剧院、会议室、医院、幼儿园、候车(机)室、办公室、住宅等的吊顶。因其强度不是很好,一般不用于隔墙。

3. 玻璃棉装饰吸声板

这部分内容可见前面“基础认知”中有关玻璃棉装饰吸声板的介绍。

4. 钙塑泡沫装饰板

它适用于影剧院、大礼堂、医院、商店等室内顶棚的装饰和吸声。

5. 艺术装饰石膏制品

艺术装饰石膏制品以优质建筑石膏粉为基料,配以纤维增强材料、胶黏剂等,与水拌制成均匀的料浆,浇注在具有各种造型、图案、花纹的模具内,再经硬化、干燥、脱模而成。

(1) 浮雕艺术石膏线角、线板、花角　浮雕艺术石膏线角、线板和花角具有表面光洁、颜色洁白高雅、花型和线条清晰、立体感强、尺寸稳定、强度高、无毒、防火、施工方便等优点，广泛用于高档宾馆、饭店、写字楼和居民住宅的吊顶装饰，是一种造价低廉、装饰效果好、调节室内湿度和防火的理想装饰装修材料，可直接用粘贴石膏腻子和螺钉进行固定安装。

浮雕艺术石膏线角图案花型多样，其断面形状一般呈钝角形。也可不制成角状而制成平面板状，称为浮雕艺术石膏线板或直线。石膏线角两边（或称翼缘）宽度有相等和不等两种，翼宽尺寸有多种，一般为 120～300 mm，翼厚 10～30 mm，通常制成条状，每条长约 2 300 mm。石膏线板的花纹图案较线角简单，其花式品种也有多种。石膏线板的宽度一般为 50～150 mm，厚度为 15～25 mm，每条长约 1 500 mm。

(2) 浮雕艺术石膏灯圈　作为一种良好的吊顶装饰材料，浮雕艺术石膏灯圈与灯饰作为一个整体，表现出相互烘托，相得益彰的装饰气氛。石膏灯圈外形一般加工成圆形板材，也可根据室内装饰设计要求和用户的喜好制作成椭圆形或花瓣型，其直径有 500～1 800 mm 多种，板厚一般为 10～30 mm。室内吊顶装饰的各种吊挂灯或吸顶灯，如果配以浮雕艺术石膏灯圈，能使人进入一种高雅美妙的意境。

(3) 装饰石膏柱、石膏壁炉　装饰石膏柱有罗马柱、麻花柱、圆柱、方柱等多种，柱上、下端分别配以浮雕艺术石膏柱头和柱基，柱高和周边尺寸由室内层高和面积大小而定。如果柱身上有纵向浮雕条纹，可显得室内空间更加高大。在室内门厅、走道、墙壁等处设置装饰石膏柱，既丰富了室内的装饰层次，又给人一种欧式装饰艺术和风格的享受。装饰石膏壁炉更增添了室内墙体的观赏性，它糅合精湛华丽的石膏雕饰，达到美观、舒适与实用的效果，使人置身于一种中西方文化和谐统一的艺术氛围之中。

(4) 石膏花饰、壁挂　石膏花饰是按设计图案先制作阴模（软模），然后浇入石膏麻丝料浆成型，再经硬化、脱模、干燥而成的一种装饰板材，板厚一般为 15～30 mm。石膏花饰的花型图案、品种规格很多，表面可为石膏天然白色，也可以制成描金或象牙白色、暗红色、淡黄色等多种。它适用于建筑物室内顶棚或墙面装饰。建筑石膏还可以制作成浮雕壁挂，表面可涂饰不同色彩的涂料，也是室内装饰的新型艺术制品。

6. 金属装饰材料

1) 铝合金穿孔板

如前所述，铝合金穿孔（吸声）板是采用铝合金板经机械冲孔而成的。其孔径为 6 mm，孔距为 1 014 mm，孔形可根据需要冲成圆形、方形、长方形、三角形或大小组合型。

铝合金板穿孔后既突出了板材轻、耐高温、耐腐蚀、防火、防震、防潮等优点，又可以将孔形处理成一定图案，起到良好的装饰效果。同时，内部放置吸声材料后可以解决建筑中吸声的问题，是一种兼有降噪和装饰双重功能的理想材料。

铝合金穿孔板主要用于影剧院等公共建筑，也可用于棉纺厂车间等噪音大的场所、各种控制室、电子计算机房的天棚或墙壁，以改善音质。

2) 铝合金波纹板和铝合金压型板

将纯铝或防锈铝在波纹机上轧制形成的铝及铝合金波纹板，以及在压型机上压制形成的铝及铝合金压型板，都是目前世界上广泛应用的新型建筑装饰材料。它们具有质量小、外形美观、经久耐用、耐腐蚀、安装容易、施工进度快等优点，尤其是通过表面着色处理可得到各种色彩的波纹板和压型板，其主要用于墙面和屋面的装饰装修。

3) 铝合金天花板

铝合金天花板由铝合金薄板经冲压成型，具有轻质高强、色泽明快、造型美观、安装简便等优点，是目前国内外流行的装饰材料。

铝合金天花板的规格和形状多种多样。例如,明架铝质天花板,常用规格有 600 mm×600 mm、400 mm×1 200 mm 的有孔、无孔板;暗架铝质天花板,常用规格有 600 mm×600 mm、500 mm×500 mm、300 mm×300 mm 的平面、冲孔立体、菱形、圆形和方形板;明架天花板,常见的有各种图案的 600 mm×600 mm、500 mm×500 mm、300 mm×300 mm 的有孔、无孔板,厚度为 0.3～1 mm;暗架天花板,常见的有各种图案的 600 mm×600 mm、500 mm×500 mm、300 mm×300 mm 的有孔、无孔板,厚度为 0.3～1 mm;铝质扣板天花板,常用规格有 6 000 mm、4 000 mm、3 000 mm、2 000 mm 的平面有孔、无孔挂片板;铝质长扣天花板,常用规格有 100 mm×3 000 mm、200 mm×3 000 mm 和 300 mm×3 000 mm 的平板、孔板和菱形板。

铝合金天花板适用于商场、写字楼、计算机房、银行、车站、机场等公共场所的顶棚装饰。

7. 复合装饰材料

复合装饰材料是用两种或两种以上不同性能、不同形态的组分材料通过复合手段组合而成的一种多相材料。相对于传统装饰材料,复合装饰材料具有耐腐蚀、隔热、耐磨、强度高、制造成本低等特点。以下介绍两种复合装饰材料。

1) 铝塑复合板

铝塑复合板是由铝、塑板和涂料复合而成的新型材料,是近年来发展最快的建筑装饰材料之一,它广泛应用于吊顶装饰、门窗和内外墙装饰。铝塑复合板具有美观、颜色持久、质轻、强度高、适温性强、防火性好、耐酸性强、隔音性好、易保养、清洁简便等特点,而且其成本低,装饰效果好。

2) 塑料复合钢板

塑料复合钢板是在 Q215、Q235 钢板上,覆以厚 0.2～0.4 mm 的软质或半软质聚氯乙烯膜而成的材料。它广泛应用于交通运输及生活用品方面,如汽车外壳、家具等,它在建筑方面的应用仍占 50%左右,主要用作墙板、顶棚及屋面板。

单元二 顶棚装饰施工工艺与构造

顶棚的形式多种多样,随着新材料、新工艺的不断开发应用,产生了许多新的顶棚形式。顶棚的分类如下。

(1) 按顶棚的外观不同,可以分为平滑式顶棚、井格式顶棚、分层式顶棚、折板式顶棚和悬浮式顶棚。

(2) 按照顶棚施工方式的不同,可以分为抹灰刷浆类顶棚、裱糊类顶棚、贴面类顶棚和装配式顶棚等。

(3) 按照构造不同,可以分为直接式顶棚和悬吊式顶棚。其中,直接式顶棚是指在屋面板或楼板上直接抹灰,或者固定搁栅后再喷浆或贴壁纸等,从而达到装饰目的的装饰构造层。它包括直接抹灰顶棚和直接搁栅顶棚等。悬吊式顶棚又称吊顶,是指在建筑物结构层下部悬吊的由骨架及饰面板组成的装饰构造层。它与结构底面有一定距离,通过悬挂物与主体结构连接在一起。它包括整体式吊顶、板材吊顶和开敞式吊顶。下面分别详细介绍。

一、直接式顶棚

直接式顶棚施工工艺简便而快捷，而支模技术与模板质量直接影响顶棚的平滑程度。

1. 直接抹灰顶棚

这类顶棚是在上部屋面板的底面上直接抹灰。其做法是先在顶棚屋面板或楼板上刷一道纯水泥浆，使抹灰层与基层很好地黏合；然后用 1∶1∶6 混合砂浆打底，再做面层抹灰；最后做饰面装修，可以喷刷各种内墙涂料或浆料，颜色可以与墙面相同，也可以与墙面不同，对于装饰要求较高的房间也可以裱糊壁纸或壁布。

2. 直接搁栅顶棚

当屋面板或楼板底面平整光滑时，也可将搁栅直接固定在楼板的底面上。这种搁栅一般采用 30 mm×40 mm方木，以 500～600 mm 的间距纵横双向布置，表面再用各种板材饰面，如 PVC 板、石膏板、木板及木制品板材。

3. 结构顶棚

某些大型公共场所的顶棚采用了空间结构，如网架结构、悬索结构、拱形结构等。这些结构构件本身就非常美观，这些建筑可将顶棚结构暴露在外，充分利用结构构件的优美韵律，体现了先进的施工技术，并将照明、通风、防火、吸声等设备巧妙地结合在一起，形成统一的、优美的空间景观。

二、悬吊式顶棚

悬吊式顶棚即吊顶，它与结构层之间的距离可根据设计要求确定。若顶棚内敷设各种管线，为使检修方便，可根据情况不同程度地加大空间高度，并可增设检修走道板，以保证检修人员的安全及检修方便，并且不会破坏顶棚面层。

悬吊式顶棚多数是由吊筋、龙骨和饰面材料三大部分组成的。

1）吊筋

吊筋的种类有很多，通常有如下分法：

(1) 按施工方法不同，可划分为两种，一种是在建筑施工期间预埋吊筋或连接吊筋的埋件，另一种是在二次装修中使用射钉将吊筋固定在建筑结构层上；

(2) 按荷载类型不同，可划分为上人吊顶吊筋和不上人吊顶吊筋；

(3) 按材料划分，则有型钢、方钢、圆钢和铅丝几种不同类型。

2）龙骨

吊顶的各种造型变化，全是由龙骨的变化而形成的。顶棚龙骨包括主龙骨、次龙骨、横撑龙骨。龙骨是吊顶的骨架，主要作用是承受顶棚的荷载，并由它将这一荷载通过吊筋或是吊杆传递给楼板或是屋顶的承重结构；并对吊顶起支撑作用，使吊顶达到所设计的外形。常用的吊顶龙骨分为木龙骨和金属龙骨两大类。常见的金属龙骨有轻钢龙骨和铝合金龙骨两种。根据其断面形式，金属龙骨又可分为 U 型金属龙骨、T 型铝合金龙骨、T 型镀锌铁烤漆龙骨、嵌入式金属龙骨等。

3）饰面材料

饰面材料的作用是装饰室内空间，并有吸声、反射、保温、隔热等功能。

饰面材料可分为抹灰饰面和板材饰面。抹灰类饰面一般包括板条抹灰、钢丝网抹灰、钢板网抹灰。板材类饰面由于施工简便、速度快、无现场湿作业等优点,现广泛被采用。板材饰面有植物类板材、金属类板材、塑料板材和矿物板材等多种。

吊顶必须经常保持良好的通风,以利散湿、散热,从而避免构件、设备等发霉腐烂。在吊顶上设置上人孔洞既要满足使用要求,又要尽量隐蔽,使吊顶结构完整统一。吊顶上人孔洞的尺寸一般不小于 600 mm×600 mm。使用活动板做吊顶上人孔洞,使用时可以打开,合上后又可以与周围保持一致。吊顶的装配示意如图 3-8 所示。

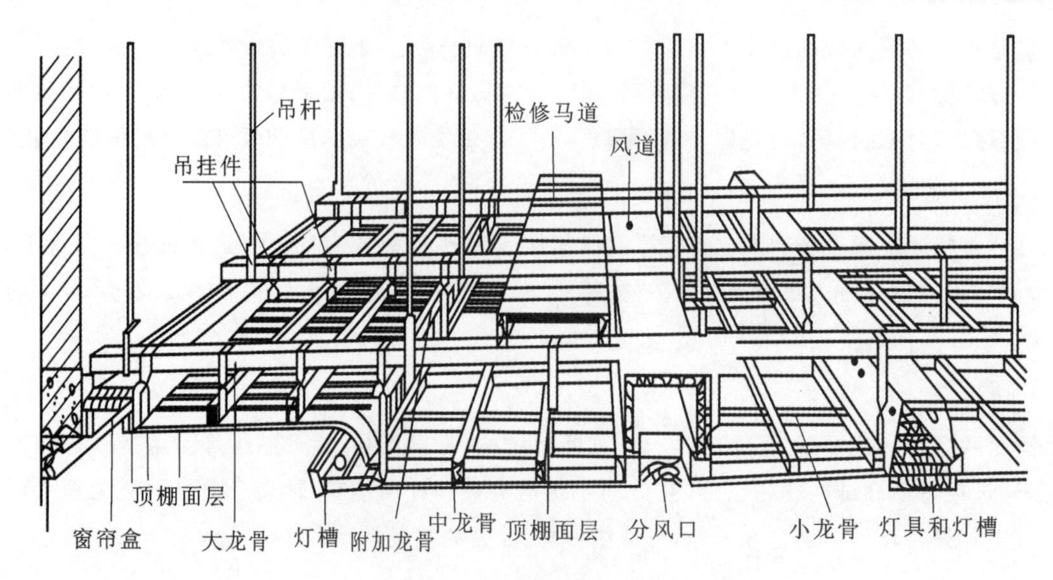

图 3-8 吊顶装配示意图

按照吊顶表面材料的不同,可分为木质吊顶、石膏板吊顶、各种金属板吊顶、采光板吊顶和玻璃镜面吊顶。下面介绍部分吊顶的施工工艺与构造。

1. 木龙骨吊顶

木龙骨吊顶的施工工艺流程为:弹线—木龙骨处理—龙骨架分片拼接—安装吊点紧固件及固定边龙骨—龙骨架吊装—龙骨架整体调平—饰面板安装。具体介绍如下。

1) 弹线

弹线包括弹吊顶标高线、吊顶造型位置线、吊挂点定位线、大中型灯具吊点定位线。

2) 木龙骨处理

(1) 防腐处理　建筑装饰工程中所用的木质龙骨材料应按规定选材,并预先进行防潮处理,同时涂刷防虫药剂。

(2) 防火处理　一般是将防火涂料涂刷或喷于木材表面,也可将木材置于防火涂料槽内浸渍,如图 3-9 所示。

图 3-9 施工人员在刷防火涂料

3）龙骨架分片拼接

（1）确定吊顶骨架需要分片或可以分片安装的位置和尺寸，根据分片的平面尺寸选取龙骨尺寸。

（2）先拼接组合大片的龙骨骨架，再拼接小片的局部骨架。做好的造型骨架如图 3-10 所示。

图 3-10 做好的造型骨架

4）安装吊点紧固件及固定边龙骨

（1）安装吊点紧固件，吊顶吊点的紧固方式较多，如图 3-11 所示。

（2）固定沿墙边龙骨，这是采用沿吊顶标高线固定边龙骨的方法。

（3）骨架的拼接按凹槽对凹槽的方法咬口拼接，拼口处涂胶并用圆钉固定。

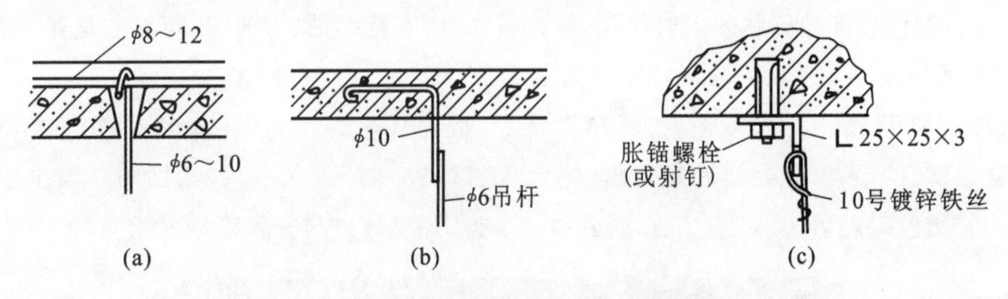

图 3-11 木质装饰吊顶的吊点紧固安装

(a) 预制楼板内埋设通长钢筋，吊筋从板缝伸出；(b) 预制楼板内预埋钢筋；(c) 用胀锚螺栓或射钉固定角钢连接件

5）龙骨架吊装

（1）分片吊装。即将拼接组合好的木龙骨架托起至吊顶标高位置，先做临时固定，然后根据吊顶标高线拉出纵横水平基准线，进行整片龙骨架调平，最后将其靠墙部分与沿墙边龙骨初步钉接。

（2）龙骨架与吊点固定。木骨架吊顶的吊杆，常采用的有木吊杆、角钢吊杆和扁铁吊杆。

吊装施工现场如图 3-12 所示。

6）龙骨架整体调平

在各分片吊顶龙骨架安装就位之后，对于吊顶面需要设置的送风口、检修孔、内嵌式吸顶灯盘及窗帘盒等装置，在其预留位置处要加设骨架，进行必要的加固及增设吊杆等处理。然后在整个吊顶面下拉十字交叉的标高线，检查吊顶面的整个平整度。

吊顶平整度的误差要在规定的范围内，可采用起拱的方式来平衡吊顶的下坠。一般情况下，龙骨架跨度在 7～10 m 时，起拱高度为 3‰；跨度在 10～15 m 时，起拱高度为 5‰。一般采用在龙骨宽度上起拱。吊顶面积在 20 m^2 内，上凹或起拱 3 mm；面积在 50 m^2 内，上凹或起拱 2～5 mm；面积在 100 m^2 内；上凹或起拱 3～6 mm；面积在 100 m^2 以上，上凹或起拱 6～8 mm。

图 3-12 龙骨架吊装施工现场

7) 饰面板安装

吊顶饰面板一般有如下几种。

(1) 木条板做顶棚有亲切、自然、温暖的感觉,加工也比较方便。条板的规格为 90 mm 宽、1 500～6 000 mm 长。成品有平边、企口边、双面槽缝等种类,条板的结合形式通常采用企口平铺、离缝平铺、嵌缝平铺和鱼鳞式斜铺等。一般采用圆钉加胶进行固定。

(2) 胶合板可以制作出各种美丽的木材纹理,并且有弹性、有连续性、易加工,能与木龙骨有很好的连接,因此可以做出各种顶棚的造型。一般采用汽钉进行固定。

(3) 石膏板饰面具有轻质、防火、隔声、隔热等特点,板面规格为 1 200 mm×3 000 mm,厚度为 9.5～15 mm。它采用自攻螺钉与木龙骨连接固定,螺丝帽沉入石膏板内 2～3 mm,钉帽刷防锈漆 1 道,用腻子膏找平,石膏板表面用接缝胶带粘好,刮腻子 3 遍,刷乳胶漆 3 道,外观效果与乳胶漆墙面相同,如图 3-13 所示。

图 3-13 石膏板饰面吊顶

(4) PVC 条板和铝合金条板同样具有色彩丰富多样、防潮、耐污染、易清理等特点,铝合金条板防潮性能更好、更耐用、不变形。一般采用自攻螺钉与木龙骨连接固定。

(5) 抹灰吊顶饰面做法是先在龙骨下面钉一层板条,然后再挂钢丝网或钢板网,最后抹灰形成饰面。

从木龙骨吊顶的施工工艺不难看出其构造,即以木质龙骨为基本骨架,配以胶合板、纤维板或其他人造板作为饰面板材组合而成的吊顶体系。其特点是构造简单、加工方便、造型能力强，使人感觉亲切、自然、温暖、舒适，但不适用于大面积吊顶。

木龙骨吊顶的构造从上到下依次为：基层（结构层）—吊点紧固件—吊杆（吊筋）—木龙骨骨架（木搁栅）—饰面板。木龙骨构造示意图如图 3-14 所示。

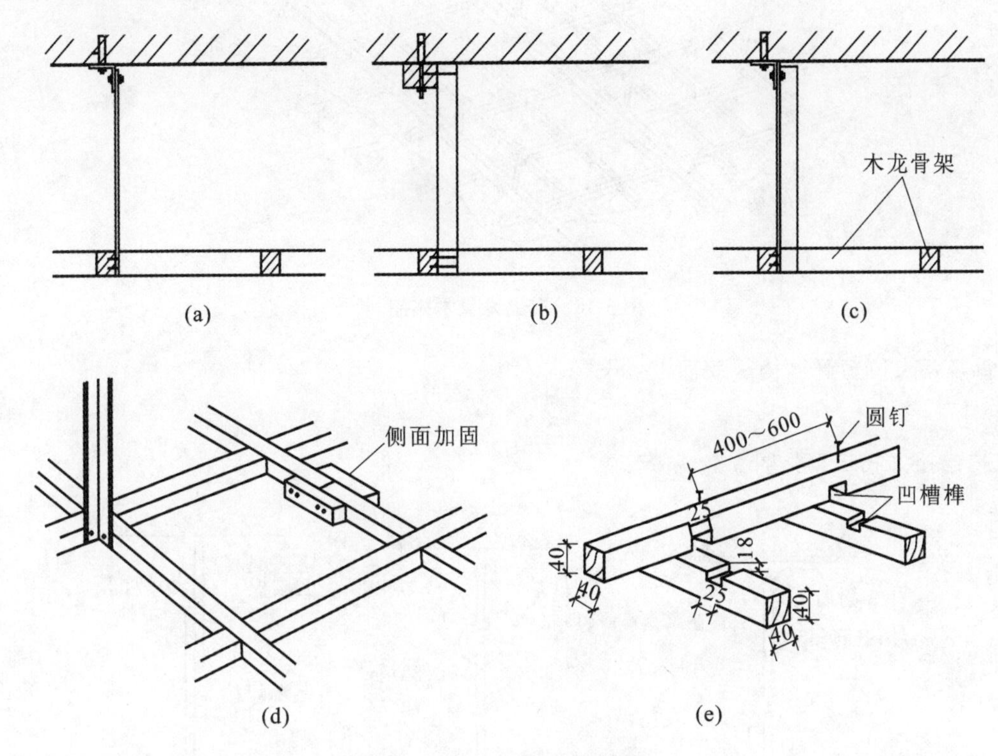

图 3-14 木龙骨构造示意图

(a) 用扁铁固定；(b) 用方木固定；(c) 用角铁固定；(d) 木龙骨骨架连接；(e) 木龙骨凹槽榫连接

木龙骨利用槽口拼接示意图如图 3-15 所示。

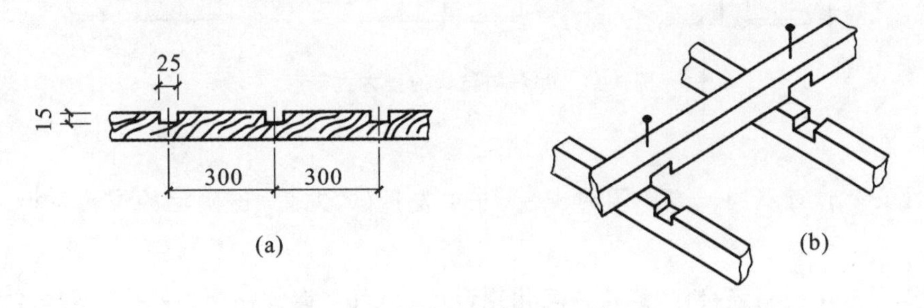

图 3-15 木龙骨利用槽口拼接示意

(a) 木龙骨槽口示意；(b) 拼接

木龙骨吊顶分为有主龙骨木搁栅（见图 3-16）和无主龙骨木搁栅。有主龙骨木搁栅吊顶多用于比较大的建筑空间，目前采用得较少。无主龙骨木搁栅由次龙骨和横撑龙骨组成，吊杆也采用方木，这种做法在家庭装修中采用较多。

2. T 型金属龙骨吊顶

T 型金属龙骨吊顶的施工工艺流程为：弹线—固定吊杆—龙骨安装与调平—饰面板安装。具体介绍如下。

1) 弹线

(1) 将设计标高线弹至四周墙面或柱面上，吊顶如有不同标高，则应将变截面的位置在楼板上弹出。

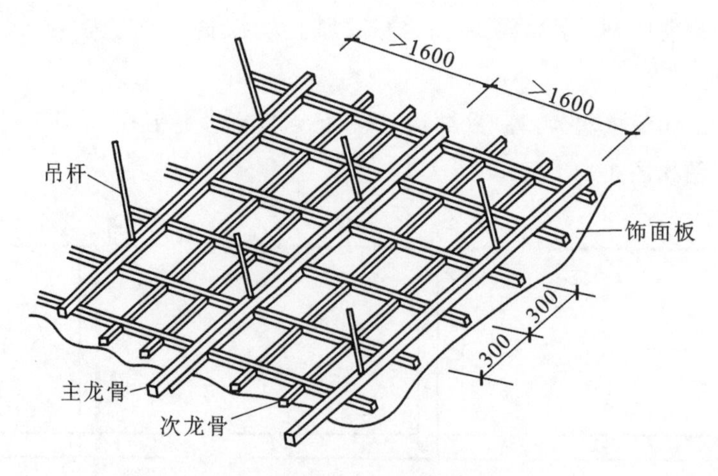

图 3-16　有主龙骨木搁栅

(2) 将龙骨及吊点位置弹到楼板底面上。

2) 固定吊杆

吊杆与结构连接方式示意如图 3-17 所示。

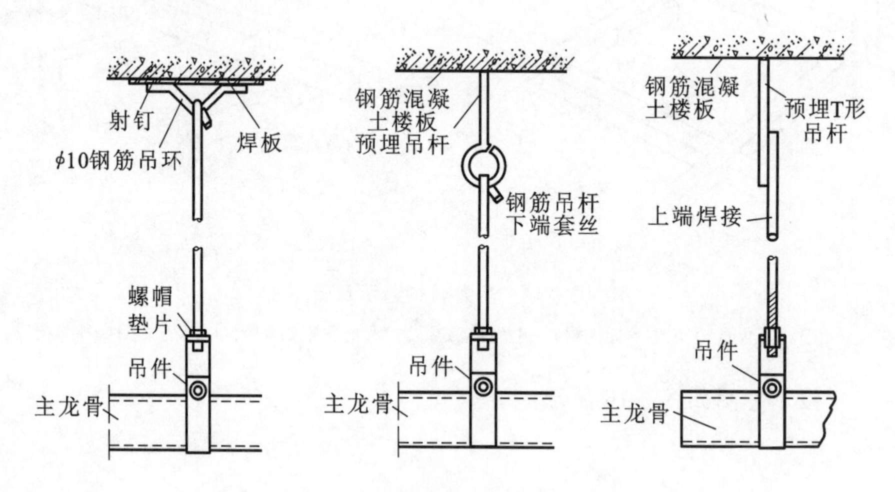

图 3-17　吊杆与结构连接方式示意

3) 龙骨安装与调平

(1) 主、次龙骨安装时宜从同一方向同时安装,按主龙骨(大龙骨)已确定的位置及标高线,先将其基本就位。

(2) 龙骨接长一般选用配套连接件,连接件可用铝合金,也可用镀锌钢板,在其表面冲成倒刺,与龙骨方孔相连。图 3-18 所示为 T 型金属龙骨的纵横连接。

(3) 龙骨架基本就位后,以纵横两个方向满拉控制标高线(十字线),从一端开始边安装边进行调整,直至龙骨调平调直为止。

(4) 钉固边龙骨,即沿标高线固定边龙骨,其底面与标高线齐平。

4) 饰面板安装

饰面板采用直接搁置式安装,搁置安装后的吊顶面自然形成了格子式离缝效果。

T 型金属龙骨按材料不同,可分为 T 型铝合金龙骨和 T 型镀锌铁烤漆龙骨等。T 型金属龙骨的安装构造分为有主龙骨(双层构造)和无主龙骨(单层构造)两种形式。

有主龙骨吊顶是在结构层下面安装吊筋,吊筋连接主龙骨吊挂件,主龙骨插入吊挂件内,次龙骨用钩挂件

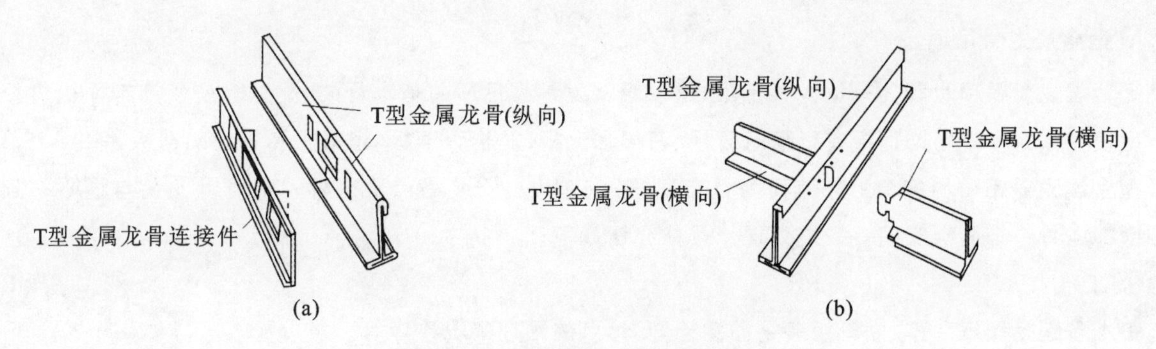

图 3-18 T 型金属龙骨的纵横连接

(a) T 型金属龙骨的纵向连接;(b) T 型金属龙骨的横向连接

(金属钩)与主龙骨钩挂在一起,横撑龙骨与次龙骨插接在一起,靠墙部分采用 L 形靠墙龙骨固定在墙上,如图 3-19 所示。

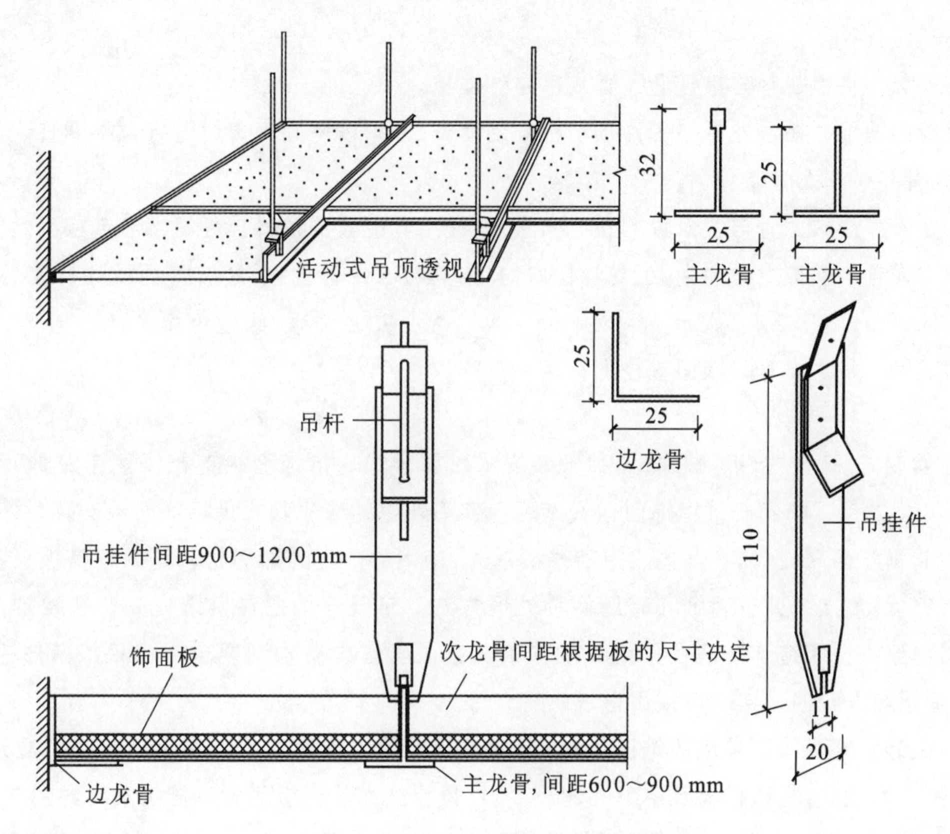

图 3-19 T 型有主龙骨吊顶构造示意图

无主龙骨吊顶是吊筋下面连接卡挂件,卡挂件直接将次龙骨卡挂吊起,再将横撑龙骨插入次龙骨上,其他做法与有主龙骨吊顶做法相同。

T 型龙骨饰面板材料可以是石膏板或石棉吸声板,安装分为活动式露明龙骨吊顶、半隐蔽式龙骨吊顶和隐蔽式龙骨吊顶安装。

露明龙骨吊顶的构造是将表面饰面板直接搁置在骨架网格的倒 T 型龙骨的翼缘上。隐蔽式龙骨吊顶和半隐蔽式龙骨吊顶是将吊顶饰面板的板边做成卡口,饰面板卡入龙骨,将龙骨挡住而形成隐蔽龙骨吊顶。

T 型铝合金吊顶属于露明龙骨吊顶,其外形简单、安装方便,是很常见的一种吊顶方式。

3. U型金属龙骨吊顶

U型金属龙骨吊顶也称为轻钢龙骨吊顶，是以轻钢龙骨为吊顶的基本骨架，配以轻型装饰饰面板材组合而成的新型顶棚体系。常用饰面板有纸面石膏板、石棉水泥板、矿棉吸声板、浮雕板和钙塑凹凸板等。

U型金属龙骨吊顶的施工工艺流程为：施工准备—弹线—安装吊点紧固件—主龙骨安装与调平—安装次龙骨和横撑龙骨—饰面板安装—板缝处理。具体介绍如下。

1）施工准备

施工准备包括图纸会审、龙骨组装平面图检查、吊点的预埋情况检查等。

2）弹线

弹线包括确定顶棚标高线、造型位置线、吊挂点位置、大中型灯位线等。

3）安装吊点紧固件

可根据吊顶是否上人（或是否承受附加荷载），来进行吊点紧固件的安装。

4）主龙骨安装与调平

(1) 主龙骨安装　将主龙骨与吊杆通过垂直吊挂件连接。

(2) 主龙骨架的调平　在主龙骨与吊件及吊杆安装就位之后，以房间为单位进行调平调直。

5）安装次龙骨和横撑龙骨

(1) 安装次龙骨　在次龙骨与主龙骨的交叉布置点，使用其配套的龙骨挂件将二者连接固定。

(2) 安装横撑龙骨　横撑龙骨由中、小龙骨截取，其方向与次龙骨垂直，装在饰面板的拼接处，底面与次龙骨平齐。

(3) 固定边龙骨　将边龙骨沿墙面或柱面标高线钉牢。

6）饰面板安装

饰面板常有露明式、隐蔽式、半隐蔽式三种安装方式。露明式是指饰面板直接搁置在龙骨两翼上，纵横龙骨架均外露，如T型龙骨。隐蔽式是指饰面板安装后骨架不外露。半隐蔽式是指饰面板安装后外露部分骨架。

U型金属龙骨属于隐蔽龙骨，在室内没有特殊要求时，使用最广泛的饰面材料是大石膏板。石膏板的安装通常采用自攻螺钉固定，接缝处有明缝和暗缝两种处理方法。暗缝连接是在接缝处先粘贴胶带，然后刮腻子，表面刷乳胶漆或贴壁纸。明缝连接是在接缝处加嵌条盖缝。当室内有防潮要求时可采用条形铝扣板或PVC条板，这两种饰面板与龙骨的连接均可采用自攻螺钉。

纸面石膏板是轻钢龙骨吊顶常用的饰面板材，通常采用隐蔽式安装方法。在吊顶施工中应注意工种间的配合，避免返工拆装而损坏龙骨、板材及吊顶上的风口、灯具。纸面石膏板的安装施工现场如图5-20所示。

图3-20　纸面石膏板安装施工现场

7) 板缝处理

(1) 嵌缝材料　嵌缝时采用石膏腻子和穿孔纸带或网格胶带，嵌填钉孔则用石膏腻子。

(2) 嵌缝施工　整个吊顶面的饰面板铺钉完成后，应进行检查，并将所有的自攻螺钉的钉头做防锈处理，然后用石膏腻子嵌平。

轻钢龙骨吊顶设置灵活、装拆方便，具有质量小、强度高、防火等多种优点，广泛用于公共建筑及商业建筑的吊顶。主龙骨间距为 800～1 200 mm，一般以 800～1 000 mm 比较常见，次龙骨间距为 500～600 mm，横撑龙骨间距为 500～600 mm 或根据饰面板的规格来确定，面板接缝要在龙骨上。轻钢龙骨主、配件组合示意图如图 3-21 所示。主、次龙骨的连接如图 3-22 所示。

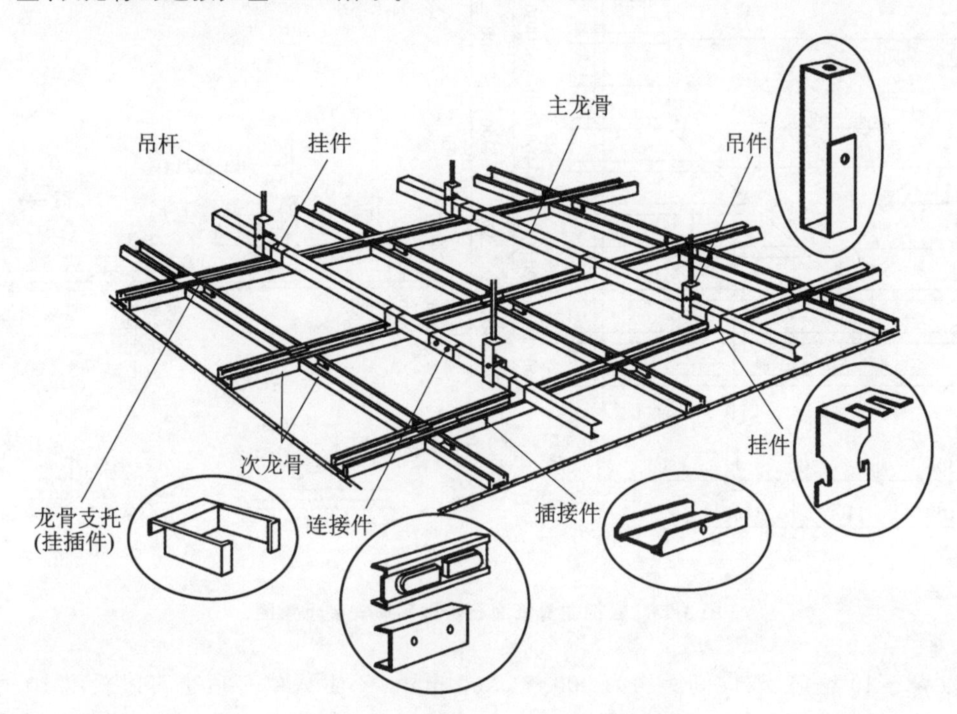

图 3-21　轻钢龙骨主、配件组合示意图

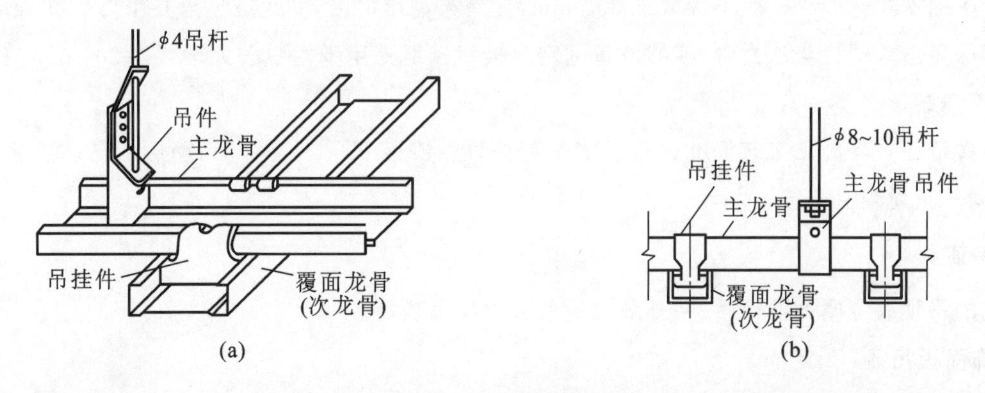

图 3-22　主、次龙骨的连接

(a)不上人型吊顶吊杆与主次龙骨连接；(b)上人型吊顶吊杆与主次龙骨连接

4. 轻钢龙骨纸面石膏板吊顶构造要点

轻钢龙骨 U 型系列由主龙骨、次龙骨、横撑龙骨、吊挂件、接插件、挂插件等零配件装配而成。主龙骨分为 38 系列(主龙骨断面高度为 38 mm)、50 系列、60 系列三种。38 系列轻钢龙骨，适用于吊点距离为 900～1 200 mm

的不上人吊顶;50 系列轻钢龙骨,适用于吊点距离为 900～1 200 mm 的上人吊顶,主龙骨可承受 800 N 的检修荷载;60 系列轻钢龙骨,适用于吊点距离为 1 500 mm 的上人吊顶,主龙骨可以承受 1 000 N 的检修荷载。轻钢龙骨纸面石膏板吊顶的安装示意图如图 3-23 所示。

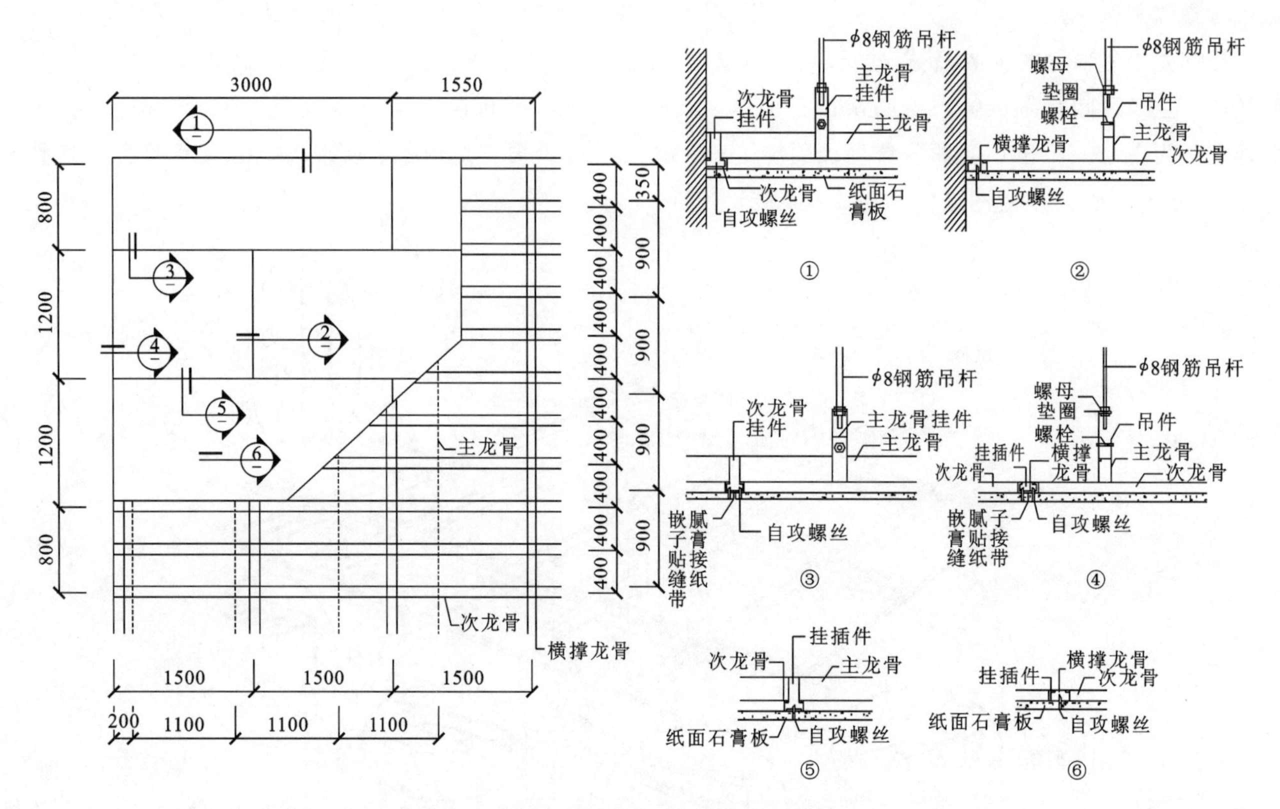

图 3-23 轻钢龙骨纸面石膏板吊顶安装示意图

吊杆一般为 ϕ8～10 钢筋,双向间距均为 900～1 200 mm。不上人的吊顶也可以采用 10 号镀锌铁丝做吊杆。

固定石膏板的次龙骨间距一般不应大于 600 mm,在南方潮湿地区,间距应适当减小,以 300 mm 为宜。

纸面石膏板用自攻螺钉与次龙骨、横撑龙骨固定。板材接缝处用弹性腻子处理或以 200 mm 宽的化纤布条贴缝,以确保不开裂。

石膏板的接缝应按其施工工艺标准进行板缝防裂处理。安装双层石膏板时,面层板与基层板的接缝应错开,并不得在同一根龙骨上接缝。

5. 其他吊顶

其他常见的吊顶有金属饰面板吊顶、开敞式吊顶和织物吊顶等。

1) 金属饰面板吊顶

金属饰面板吊顶是用各种轻质金属板做饰面层的吊顶。其特点是质轻、防火、防潮,常用的有压型薄钢板和铸轧铝合金型材两大类。饰面板的形状有条形板与方形板,部分板材可以与 U 型龙骨或 T 型龙骨结合使用。龙骨的材料一般为镀锌铁或薄钢板,龙骨与饰面板的连接可采用嵌、卡、挂三种形式。这类龙骨可称为嵌入式龙骨。金属条板轻钢龙骨吊顶骨架如图 3-24 所示。

2) 开敞式吊顶

开敞式吊顶是将具有特定形状的单元体或单元组合体(有饰面板或无饰面板)悬吊于结构层下面的一种吊

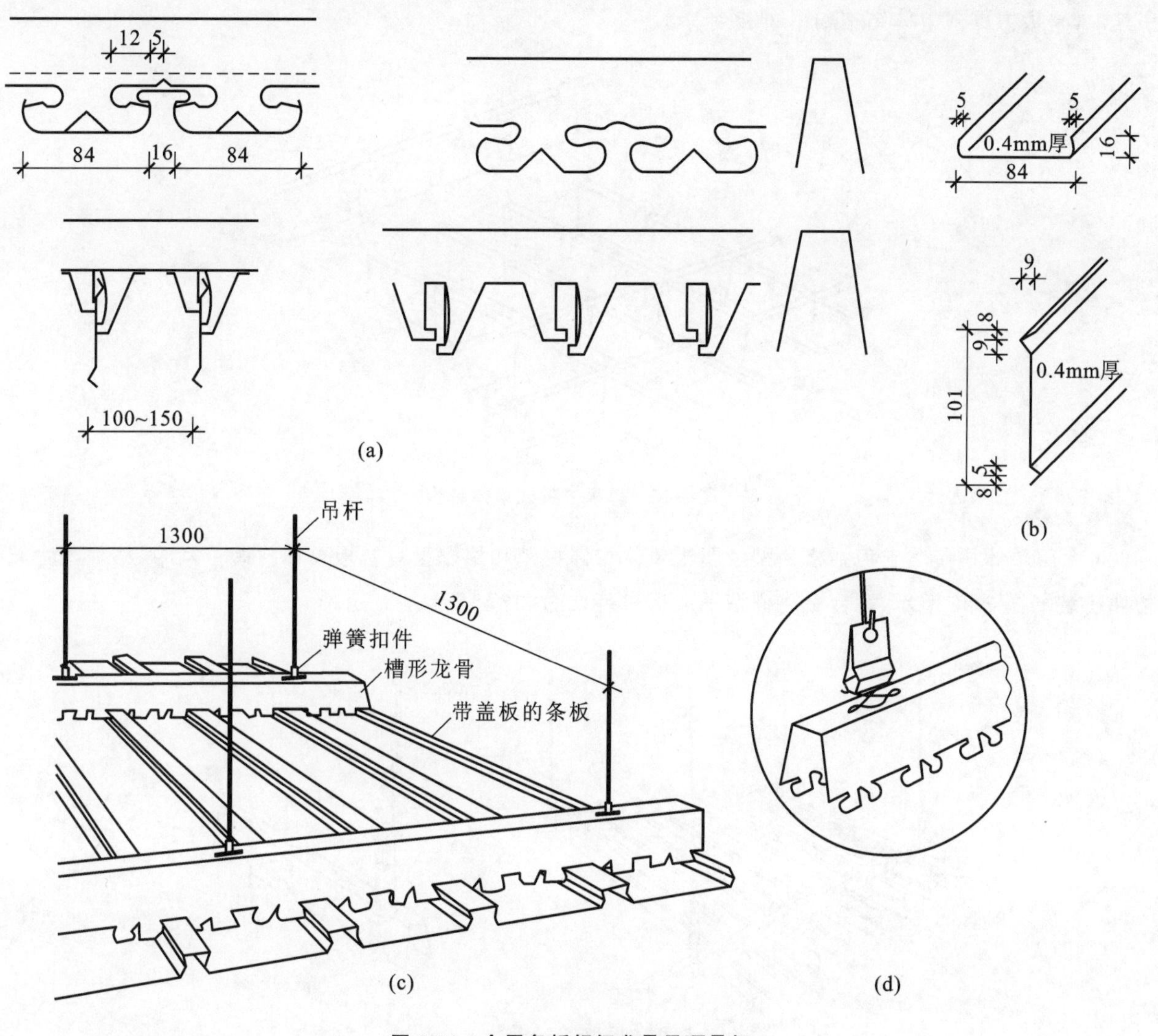

图 3-24　金属条板轻钢龙骨吊顶骨架

(a) 槽形龙骨；(b) U 形金属板；(c) 龙骨吊顶骨架；(d) 结构与龙骨连接

顶形式，这种吊顶饰面既遮又透，使空间显得生动活泼，艺术效果独特。

开敞式吊顶的单元体构件，按照制作材质不同，可以为分为木格栅、塑料格栅、金属格栅及灯饰格栅等。其形式有方形框格、菱形框格、叶片状、格栅式等。

搁栅的安装构造大体可分为两种类型：一种是将单体构件固定在可靠的骨架上，然后骨架再用吊杆与结构连接；另一种方法是对于轻质高强的单体构件不用骨架支持，而直接用吊杆与结构相连接。其施工工艺流程为：结构面处理—弹线—地面拼装单元体—固定吊杆—吊装施工—整体调整—整体饰面处理。具体介绍如下。

1）结构面处理

由于吊顶开敞，可见到吊顶基层结构，通常对吊顶以上部分的结构表面进行涂黑或按设计要求进行涂饰处理。

2）弹线

弹线包括确定标高线、吊挂点布置线、分片布置线等。

3）地面拼装单元体

（1）木质单元体拼装　常见的有单板方框式、骨架单板方框式、单条板式、单条板与方板组合式等拼装形式。其中,单板方框式单体结构如图 3-25 所示。

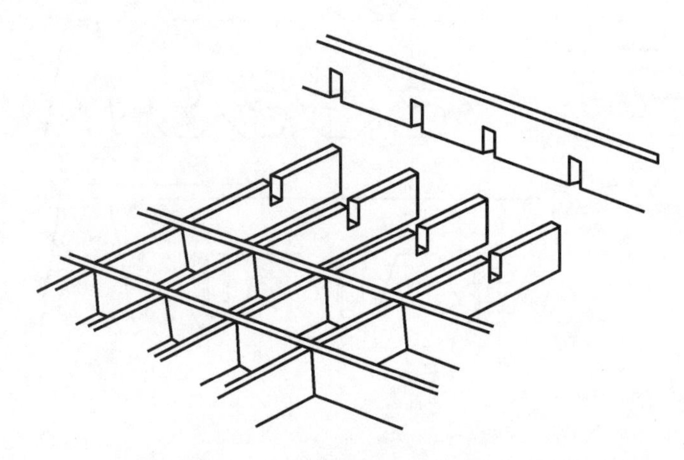

图 3-25　单板方框式单体结构

(2) 金属单体拼装　它包括格片型金属板单体构件拼装和格栅型金属板单体拼装。其中,格片型金属板单体构件拼装如图 3-26 所示,铝合金格栅型吊顶板拼装如图 3-27 所示。

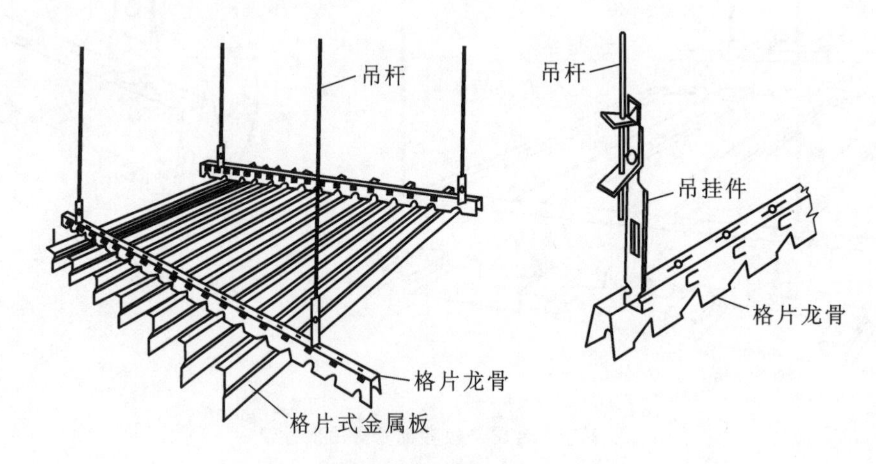

图 3-26　格片型金属板单体构件拼装

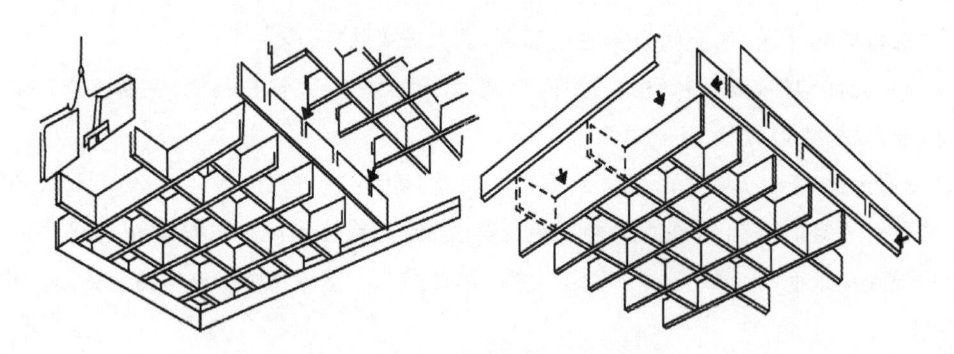

图 3-27　铝合金格栅型吊顶板拼装

4) 固定吊杆

一般可采取在混凝土楼板底或梁底设置吊点的方式来固定吊杆。

5) 吊装施工

吊装施工可分为直接固定法和间接固定法。直接固定法是指单体或组合体构件本身有一定刚度时,可不用龙骨,将构件直接用吊杆吊挂在结构上,如图 3-28 所示。间接固定法是指先将单体或组合体的吊顶架固定在承重杆架上，承重杆架再与吊点连接，如图 3-29 所示。

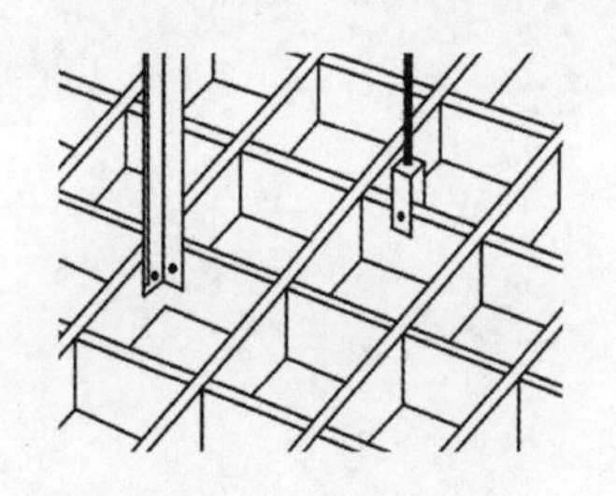

图 3-28 直接固定法

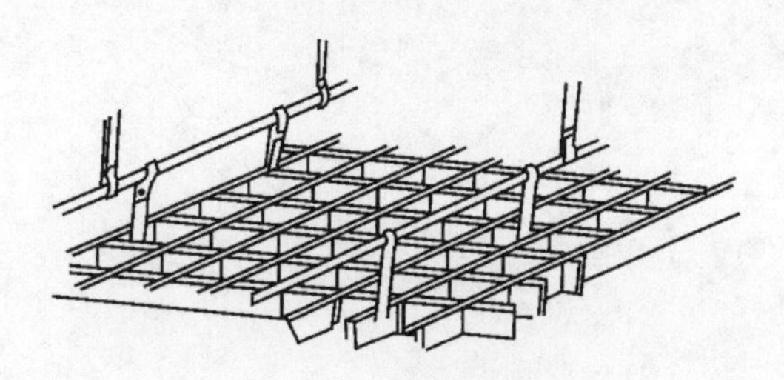

图 3-29 间接固定法

6）整体调整

沿标高线拉出多条平行或垂直的基准线，根据基准线进行吊顶面的整体调整。

7）整体饰面处理

铝合金格栅型单体构件在加工时表面已作了阳极氧化膜或漆膜处理。木质吊顶饰面方式主要有油漆、贴壁纸、喷涂喷塑、镶贴不锈钢和玻璃镜面等工艺。

思考与练习

1. 参观、收集各类顶棚装饰的装饰材料，并说出其所用材料的特性。
2. 简述新材料与新工艺对顶棚装饰设计的影响。
3. 临摹几种典型的顶棚装饰构造图及细部节点详图。
4. 简述各种顶棚装饰施工做法的原理及特点。
5. 自选材料设计顶棚形式，写出相应的施工工艺，并绘制相应构造图。
6. 继续关注、收集不同的顶棚装饰材料信息，了解其施工工艺。

项目四
门窗装饰材料及施工工艺

教学目标

最终目标:(1) 熟悉门窗常用装饰材料的基本性能和规格;

(2) 掌握常见门窗装饰的施工工艺和构造;

(3) 了解常见门窗装饰的构造做法,能够准确快速识读构造图。

促成目标:(1) 能在设计中正确选用材料,能够灵活运用不同的材料和选择不同做法来实现设计意图;

(2) 能够绘制常见的门窗装饰节点构造图。

工作任务

(1) 学习常用的门窗装饰材料;

(2) 掌握常见门窗装饰的施工工艺;

(3) 识读并临摹常见门窗装饰构造图。

活动设计

1. 活动思路

从设计和施工的角度出发,学生应了解目前常用装饰材料的基本性能、特征及规格;通过多媒体图例和样板间样品,系统学习常用门窗装饰材料;同时,通过对施工工艺视频资料学习和构造实训室的实际操作,结合施工现场观摩、考察,学生应对门窗材料及其施工工艺与构造有一个完整的感知,并能应用于实践中。

2. 活动组织

活动组织如表 4-1 所示。

表 4-1 活动组织

序号	活动项目	具体实施	课时	课程资源
1	门窗装饰常用材料及性能	理论讲授和讨论分析	2	多媒体、材料样品
2	门窗装饰常用材料及性能	辅导与讨论分析	2	材料展示样板间、材料构造样板间
3	门窗施工工艺	辅导与讨论分析	2	多媒体、视频资料
4	门窗装饰构造的分类	理论讲授和讨论分析	2	多媒体
5	工地观摩	考察与讲解	2	工地

3. 活动评价

评价内容为学生作业;评价标准如表 4-2 所示。

表 4-2 评价标准

评价等级	评价标准
优秀	能够选用合适的材料设计门窗形式,写出相应的施工工艺,并绘制相应构造图。设计新颖,施工工艺合理可行,且能够合理利用材料的特性和装饰构造的原理
合格	能够选用合适的材料设计门窗形式,写出相应的施工工艺,并绘制相应构造图。设计普通,施工工艺基本合理可行,基本能够利用材料的特性和装饰构造的原理
不合格	能够设计门窗形式,写不出相应的施工工艺,绘制不出相应构造图;对门窗装饰材料的特性和装饰构造原理掌握不够

单元一

门窗装饰材料

门在建筑中主要起通行和安全疏散的作用，其次还能起到维护建筑物结构和美观的作用。门的主要功能是分隔和交通。门的开设数量和大小，一般应由交通疏散、防火规范及家具、设备大小等其他要求来确定。

窗的主要功能是采光、通风、保温、隔热、隔声、眺望、防风雨及防风沙等。有特殊功能要求时，窗还可以防火及防放射线等。

门窗的种类很多，各类门窗一般按开启方式、用途、所用材料进行分类。

(1) 按开启方式分类　按开启方式不同，窗可分为固定窗、平开窗、推拉窗、上悬窗、中悬窗、下悬窗等，如图4-1所示；门可分为平开门、推拉门、自由门、折叠门、旋转门、弹簧门等，如图4-2所示。

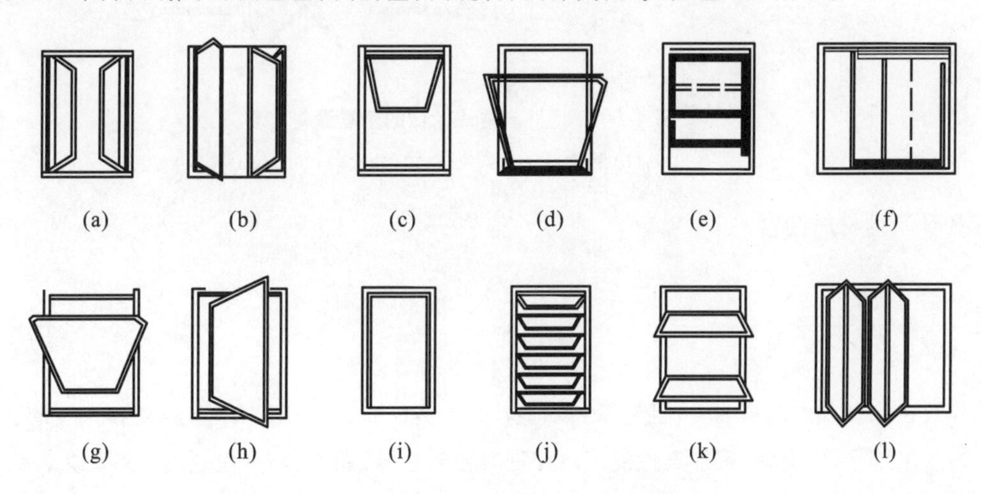

图4-1　窗的开启方式分类示意图

(a) 外平开；(b) 内平开；(c) 上悬；(d) 下悬；(e) 垂直推拉；(f) 水平推拉；
(g) 中悬；(h) 立转；(i) 固定；(j) 百叶；(k) 滑轴；(l)折叠

(2) 按用途分类　以门为例，按用途可分为防火门(FM)、隔声门(GM)、保温门(BM)、冷藏门(LM)、安全门(AM)、防护门(HM)、屏蔽门(PM)、防射线门(RM)、防风沙门(SM)、密闭门(MM)、泄压门(EM)、壁橱门(CM)、变压器间门(YM)、围墙门(QM)、车库门(KM)、保险门(XM)、引风门(DM)、检修门(JM)等。

(3) 按制作门窗的材质分类　门窗按使用的材质不同，可分为木门窗、钢门窗、铝合金门窗、塑料门窗和复合材料门窗等。

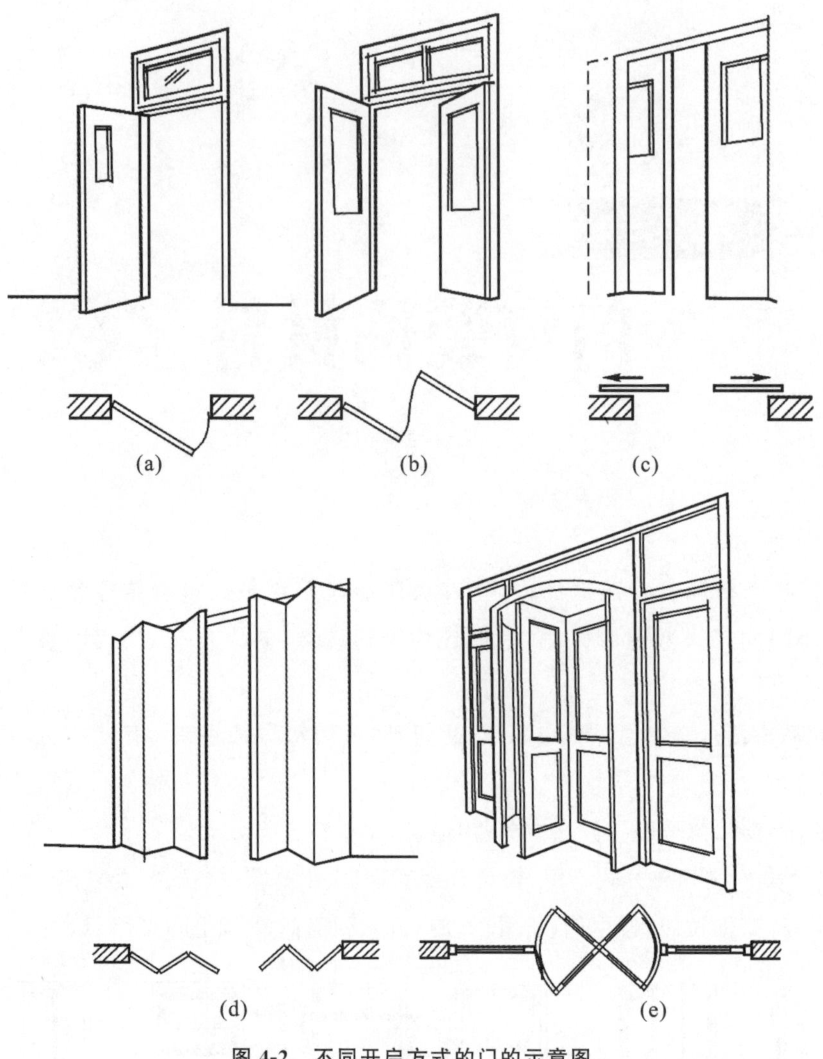

图 4-2　不同开启方式的门的示意图

(a) 平开门;(b) 弹簧门;(c) 推拉门;(d) 折叠门;(e) 转门

下面介绍几种不同材质门窗。

一、木门窗

我国传统建筑装饰多以木门窗为主,且造型和功能都很完善。直到现在,木门窗仍受到大众的喜好,这主要是因为木门窗装饰效果好、造型灵活、可加工性能好。但是其密封性、防潮性、防水性、防腐性、耐久性比较差。

1. 木门

如前所述,木门按照开启方式的不同,可以分为平开门、推拉门、自由门、折叠门、旋转门和弹簧门等。

按照所用的材料和造型特点不同,木门又可以分为镶板门、包板门、木框玻璃门、木框金属花饰玻璃门、拼板门和花格门等。如图 4-3 所示为一种木门。

以平开门为例,木门的构造如图 4-4 所示。

木门由门框和门扇两部分组成。各种类型木门的门扇样式、构造做法不尽相同,但其门框却基本一样。门框分有亮子和无亮子两种。

(1) 门框　门框冒头与边梃的结合,通常是在冒头上打眼,在边梃端头开榫。门上有亮子的门框,应在门扇

图 4-3 木门

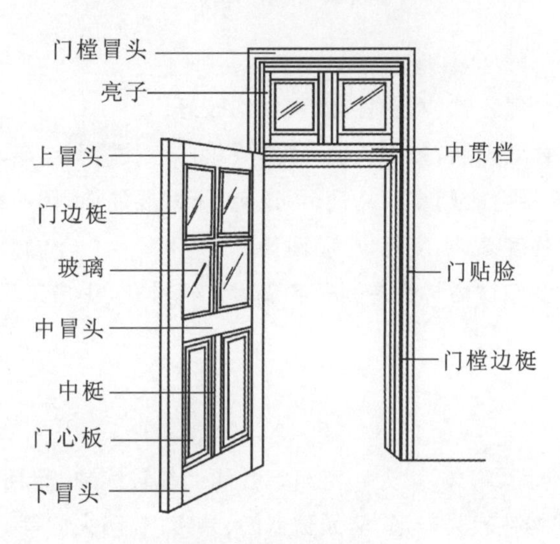

图 4-4 木门的构造

上方设置中贯档。门框边框与中贯档的连接，是在边梃上打眼，中贯档的两端开榫。

(2) 门扇　门扇按其骨架和面板拼装方式，一般分为镶板式门扇和贴板式门扇。镶板式的面板一般采用实木板、纤维板和木屑板等。贴板式的面板通常采用胶合板和纤维板等。

2. 木窗

以平开窗为例，木窗的构造如图 4-5 所示。

木窗由窗框、窗扇和各种五金配件组成。

(1) 窗框　窗框的连接方式与门框相似，也是在窗冒头两端做榫眼，边梃上端开榫头。

(2) 窗扇　窗扇为窗的通风、采光部分，一般都安装有各种玻璃。窗扇的连接构造与木门略同，也是采用榫结合方式，榫眼开在窗梃上，在上、下冒头的两端做榫头。

二、铝合金门窗

铝合金门窗以其独特的性能在国内外都得到广泛应用。铝合金门窗与普通门窗相比，具有以下几个特点。

(1) 质量小　铝合金门窗用材省、质量小，每平方米门窗耗用铝型材质量为 8～12 kg，而每平方米钢门窗耗

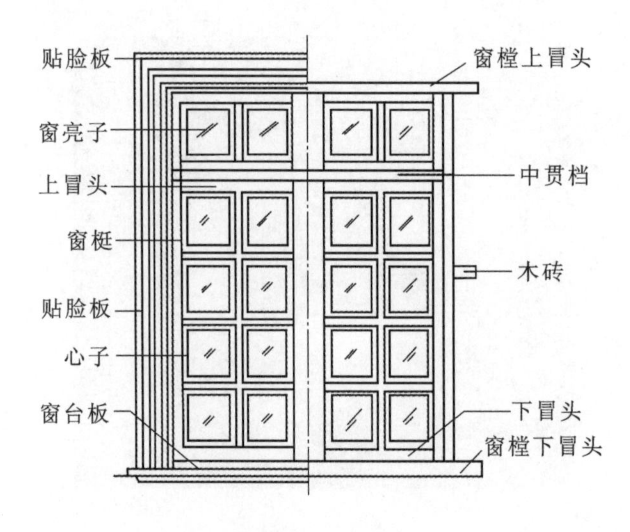

图 4-5　木窗的构造

钢量达 17～20 kg。

(2) 密封性好　铝合金门窗的气密性、水密性、隔声性均较好。

(3) 色泽美观　铝合金门窗表面光洁，外观美丽，可着成银白色、古铜色、暗灰色、黑色等多种颜色。

(4) 耐腐蚀，使用维修方便　铝合金门窗不锈蚀、不退色、不需要油漆，因此维修费用少。

(5) 坚固耐用　铝合金门窗强度高，刚度好，坚固耐用。

(6) 便于工业化生产　铝合金门窗的特性有利于实现设计标准化、生产工厂化和产品商品化。

三、钢制门窗

钢制门窗与木门窗相比，在坚固、耐久、耐火和密闭等性能上都较优越，而且透光面积较大。

钢制门窗作为建筑的外围护构件较为普遍，例如防盗门、卷帘门、防火门等。

目前市面上流行的防盗门主要有三大类：不锈钢门、喷粉钢门和表面复塑钢门。三者都是钢制门，但因钢材种类及表面处理方式不同而各有各的特点。

不锈钢门的款式主要是格栅式，其优点是美观大方、表面平滑、光泽度高、不会起锈，且防盗性能较好、不易被撬。但它的色彩单一，价格也比较高。

表面复塑钢门是一种较新型的防盗门，它采用的工艺是在钢板表面覆上一层 PVC 保护膜，该膜可耐高温。其特点是多锁点、表面色彩丰富、不起锈，且能很好地与室内装饰相配合。门板表面有多种印刷花纹，如仿大理石、仿木纹、防皮纹等。目前较流行的是仿榉木纹，颜色有红色、黄色、咖啡色等多种。

喷粉钢门由冷轧钢板表面喷粉而成，可分为格栅式与全封闭式两种，其表面色彩丰富多样。但格栅式喷粉钢门存在防撬性较差的问题。全封闭式喷粉钢门的防盗性能较好，因其表面全封闭，被破坏的难度较大，而且全封闭防盗门通常配有多点锁紧装置。所谓多点锁紧，是指防盗门上下、左右都装有连动锁杆。目前锁点最多的锁紧装置已达 15 点锁紧，即使被破坏了一两个锁点，对整体防盗性能仍毫无影响。此类门的缺点是防锈功能较差。

四、塑料门窗

塑料门窗造型美观、线条挺拔清晰、表面光洁，广泛应用在建筑装饰工程上。常见的塑料门有镶板门、框板门、折叠门等多种，如图 4-6 所示为一种塑料门。常见的塑料窗有平开窗、推拉窗、百叶窗、中悬窗等。

图 4-6 塑料门

塑料门窗优点很多，主要有耐腐蚀性、耐候性好，隔热、隔音、密封性好，机械性能满足使用要求，装饰效果好，耐老化性能好，不用经常维修等。

塑料门窗安装时，门窗框与墙体为弹性连接；含沥青的材料在塑料门窗中禁止使用；填充材料不宜填塞过紧；需要使用螺栓、自攻螺丝等，且必须用电钻钻孔。

五、特殊门窗

特种门窗是指具有特殊用途、特殊构造的门窗，如防火门、隔声防火门、卷帘门（窗）、金属转门、（自动）无框玻璃门、异型拉闸门、自动铝合金门和全玻固定窗等。

1. 卷帘门（窗）

卷帘门（窗）造型美观新颖、结构紧凑先进、操作安装简单、坚固耐用、刚性强、密封性好，可以争取到一般门窗所不能达到的较大净高和净宽的完整开放空间，不占用地面面积，启闭灵活方便，隐蔽性较好，并且具有防风、防尘、防火、防盗等特点。

卷帘门（窗）按其材质，可分为铝合金卷帘门（窗）、电气铝合金卷帘门（窗）、镀锌板卷帘门（窗）、不锈钢板卷帘门（窗）及钢管、钢筋卷帘门（窗）等。

按门（窗）扇结构，可分为帘板结构卷帘门（窗）与通花结构卷帘门（窗）。常用的防火卷帘门由帘板、卷筒、导轨、传动电机等部分组成。防火卷帘门一般安装于洞口墙体、柱体的预埋铁件或后装铁板上。

2. 转门

转门主要用在宾馆、酒店、银行等中高级建筑装饰工程中。转门由外框、圆顶、固定扇和活动扇（三扇或四扇）四部分组成。通常在转门的两旁另设平开门或弹簧门，用于不需要空气调节的季节或大量人流疏散的场合。

转门具有良好的密闭、抗震和耐老化性能，它转动平稳，紧固耐用，便于清洁和维修，还设有可调节的阻尼装置，可控制旋转惯性的大小。转门分为普通转门和旋转自动门。旋转自动门一般为金属转门，可以分为铝质、钢质两种型材结构。

3. 防火门

防火门是指在建筑物中,在不同程度上能够阻止火灾蔓延或是延缓火灾蔓延的门。

防火门按照门扇的数量,可以分为单扇防火门、双扇防火门和四扇防火门;按照开启方式,可以分为一般开关和自动开关;按照门扇的结构,则可以分为镶玻璃防火门和不镶玻璃防火门。

单元二 门窗装饰施工工艺与构造

一、木门窗安装

一般住宅的木门窗主要分平开门窗、推拉门窗两类。平开门窗具有密封性好的特点,推拉门窗具有占用空间少的特点,可依据需要和爱好选择。我们国家居民住宅楼通常都要实行二次装修,原室内门的材质标准较低,又不易进行其他装饰性处理,所以家庭装饰时原门窗改造是必做的项目。

1. 平开木门窗

安装前,应根据距地面 500 mm 水平线和坐标基准线来确定门窗框的安装位置,弹出安装位置,将门窗框安在位置线上就位、摆正,用楔子暂时固定;再用线坠、水平尺将门窗框校正、找直;然后用 100 mm 钉子将门窗框固定于预埋在墙内的木砖上,钉子帽砸扁后钉入框内。若是改造旧门窗,则要在已包好的门窗套上弹出门窗框位置,并固定好门窗框。门窗框安装好之后,再将门窗扇靠在框上,按门窗口划出高低、宽窄尺寸后刨修,达到设计要求后,将合页槽剔出。最后将合页先固定在门窗扇上,再安装在门窗框上。合页槽位置必须准确,以防止门窗扇固定后扭曲。

2. 悬挂式推拉木门窗

这是指滑轮在门窗上部,而下部为导轨的推拉门窗。悬挂式主要用于推拉门,下面以悬挂式推拉门为例作介绍。安装门框时应先根据 500 mm 水平线和坐标基准线,弹线确定上梁、侧框板及下导轨的安装位置;再用螺丝将上梁固定在门洞口的顶部,有侧框板的,用螺丝钉将侧框板固定在洞口墙体侧面;然后将吊挂件上的螺栓及螺母拆下,把它套在工字钢滑轨上,用螺丝钉将工字钢滑轨固定在上梁底部;最后用膨胀螺栓或塑料胀管螺丝固定下导轨。安门扇时,先将悬挂螺栓装入门扇上冒头顶上专用孔内,用木楔把门框下导轨垫平;再用螺母将悬挂螺栓与挂件固定,检查门边与侧框板吻合情况,达到吻合要求后,固定门,安装贴脸。

3. 下承式推拉门窗

这是指滑轮在门窗底部的一种推拉门窗。下面以下承式推拉窗为例,其安装程序为:首先,弹线确定上、下框板及侧框板的安装位置,用螺丝钉将下框板固定在洞口底部,用螺丝钉将侧框板固定在洞口墙体侧面,将上框板用螺丝钉固定在洞口顶部；其次，在下框板准确画出钢皮滑槽的安装位置，用扁铲在框板上剔修出与钢皮厚度相等的木槽，并用胶黏剂将钢皮滑槽粘在木槽内；再次，安装窗扇时，先用胶黏剂将专用轮盒粘在窗扇下端冒头下的预留孔里；最后将窗扇装上轨道后，检查窗边与侧框板缝隙上下是否等宽，调整后安上贴脸。

4. 木门窗套施工方法

木门窗套安装是门窗改造常用的方法。在木门窗套施工中，首先要在基层墙面内打孔，下木楔，木楔上下间距小于 300 mm，每行间距小于 150 mm。木楔要横平竖直，对于基层墙面不垂直的，要先用垫片将基础找垂直。然后，按设计门窗贴脸宽度及门窗洞宽度锯切大芯板，用圆钉固定在墙面及门窗洞口，圆钉要钉在木楔上。检查底层垫板牢固后，可做阻燃防火涂料涂刷处理。门窗套饰面板要选图案花纹美观、表面平整的胶合板。裁切饰面板时，要按门窗洞口及贴脸宽度弹出裁切线，用裁刀裁开，对缝口刨 45°角；背面刷乳胶液后贴于底板上；表层用射钉枪钉入无帽直钉加固。门窗洞口和墙面接口处的接缝平直，45°角对缝。最后，将饰面板粘贴安装后用木角线封边收口，角线横竖接口处刨 45°角接缝处理。

木门窗套安装容易出的主要问题有：①门窗洞口侧面不垂直，主要是没有用垫木片找直，应返工垫平，用尺测量无误差后再装垫层板；②表面有色差、破损、腐斑、裂纹、死节等，必须更换饰面板，包木门窗套使用的木材应与门窗扇木质、颜色协调，饰面板与木线条色差不能大，木种要相同；③用手敲击门窗套侧面板，如有空鼓声则说明底层未垫衬大芯板，应拆除面板后加垫大芯板。

5. 木门窗安装前的检测

木门窗安装前要进行检测，除检查外观、材质等是否符合要求外，还要检测门窗扇的宽、高和图纸是否一致，与框套是否相配，开启方向是否与要求相符，构造是否合理，安装合页的洞口预埋件是否准确、牢固，门窗扇与框的合页位置是否一致，门扇与门框锁具开口是否吻合，安装插销、门吸的位置是否准确等。

现场制作的木门窗，除检测尺寸外，还要检测外观质量和加工质量。要求其表面不得有腐蚀点、死节、破残，开榫处接缝要紧密，门窗扇无翘曲、无扭曲变形，门窗扇方正，门窗扇与门窗框吻合，门窗扇以刚能塞入门窗洞口为准，并要留出以后刨修余地。木线构造要符合设计，粘钉要牢固、平直、顺滑。

木门窗套制作必须符合设计要求，它所使用的材质要与门窗扇配套，门窗眉、贴脸使用要符合设计。另外，还要检测以下几点是否达到要求，目测木门窗套表面无明显质量缺陷，用手拍击没有空鼓声，用尺测量垂直度与门窗扇相吻合，表面漆膜平滑、光亮，无流坠、气泡、皱纹等缺陷。

6. 木门窗工程常有的质量缺陷及解决办法

木门窗安装工程容易出的主要问题有如下几点。一是门窗扇与框缝隙大，主要是刨修不准或门窗框与地面不垂直。如刨修不准，可将门窗扇卸下并刨修到与框吻合后重新安装；如门窗框不垂直，则要在框后垫片找直。二是五金件安装质量差，主要是平开门窗的合页没上正，导致门窗扇与框不平整。可将每个合页先拧下一个螺丝钉，然后调整门窗扇与框的平整度，调整修理无误差后再拧紧全部螺丝钉。上螺丝钉必须平直，先打入全长的 1/3，然后再拧入 2/3，严禁一次钉入或斜拧入。三是门扇开关不灵活，主要是锁具安装有问题。应将锁舌板卸下，用凿子修理舌槽，调整门框锁舌口位置后再安装上锁舌板。四是推拉门窗滑动时不顺畅，主要是上、下轨道或轨槽的中心线未在同一铅垂面内所致，要通过调整轨道位置，使上下轨道与轨槽中心线铅垂对准。

7. 木门窗的安装工艺

木门窗的安装工艺流程为：门窗框同墙体的连接固定—门窗扇安装—其他五金和玻璃安装—油漆处理。下面以平开木门窗为例介绍木门窗的安装过程。

1）门窗框同墙体的连接固定

门窗框在墙体上固定是木门窗安装的第一道工序。按照门窗框固定的方法不同，可分为立口和塞口两种形式。立口是当墙体砌至门窗设计高度时，先把门窗框支立在设计位置上，用撑杆加以临时固定，然后继续砌墙，并把门窗框上的木拉砖砌入墙体内，以实现门窗框在墙体上固定的方法。塞口则是在砌墙时按设计的门窗洞口尺寸留好洞口，并按要求事先砌入木砖（一般间距为650～750 mm），安装门窗框时，把门窗框塞入洞口，先用木楔、铁钉初步固定，然后用水泥砂浆嵌实以实现门窗框在墙体固定的方法。

门窗框安装时根据其在墙体中位置的不同，主要有门窗框立中和门窗框里平两种形式。当门窗框里平时，一般应用铁脚固定并需加贴脸板。在门窗框的安装中要保证门窗框的垂直度和上槛的水平，并应保证其加工精度。门窗靠墙壁的侧面及预埋的木砖铁脚等要进行防腐处理。

2）门窗扇安装

门窗扇的安装是在门窗框安装后进行的。由于门窗框已经固定好，不太容易刨修，而门窗框本身的制作误差和安装误差是难免的，因此安装门窗扇时往往要根据门窗框的实量尺寸对门窗扇进行刨修。为保证门窗扇同门窗框配合间隙合理，一般要进行多次刨修、试装。当刨修完毕之后，再按照门窗扇高的1/10～1/8在框扇上按合页大小画线、剔槽。把门窗扇装上后要重新修整，直至开关灵活为止。门窗扇安装之后，要保证配合间隙大小均匀合理且不能自开自关。

3）其他五金和玻璃安装

门窗扇安装好之后，应根据设计要求安装风钩、拉手、锁等五金件，并将玻璃安装固定。具体安装时，应注意门窗拉手和门锁的位置，一般门窗拉手应位于门窗高度中点以下，窗拉手距地面1.5～1.6 m，门拉手距地面0.9～1.05 m，门锁一般高出地面0.9～0.95 m。

4）油漆处理

油漆处理即对门窗框和扇进行油漆涂饰。

8. 新型门窗框

传统的木门窗安装方法对木门窗工业化生产有很大制约，这种安装方法把门窗框和门窗扇分离开来，使门窗的制作、安装及油漆加工过程无法在工厂里统一起来，往往只能把安装和油漆处理工序放在各方面条件都很差的工地去完成，这就使木门窗的成品质量和工业化程度受到很大影响。木工作业工地如图4-7所示。同时，这种事实的存在，无形中也影响了消费者的需求。所以，除了特定需要，现在一般选用新型的门窗框，即工业化生产的标准尺寸门框和门套的集合体。它具有非常灵活的可拆装性，装饰感强，可选择性强。

图4-7 木工作业工地

新型门窗框主要考虑灵活的可拆装性，其主要形式是采用包容墙体结构及活动的贴脸板（习惯上也称门套线）。侧面板在墙体上的固定实现了门窗框同墙体之间的连接，贴脸板的变化则实现了门窗框的装饰作用。在具体安装时，由于侧面板在墙体固定可以采用膨胀螺栓等快捷连接方式，因此能够满足拆装方便灵活的需要。同时，通过采用垫板等措施，可以调整门窗的洞口误差，从而实现了门窗的互换。

二、塑料门窗安装

塑料门窗与墙体的连接，一是可用膨胀螺栓固定，二是可在墙内预埋木砖或木楔，用木螺丝将门窗框固定在木砖或木楔上。门窗框与墙体结构之间一般留 10～20 mm 缝隙，填入轻质材料（如聚丙烯酸酯、聚氨酯、泡沫塑料、矿棉、玻璃棉等），外侧嵌注密封胶。

安装过程中需要注意的事项有：

(1) 门窗框应横平竖直，高低一致；

(2) 固定联结件（节点）处的间距要小于 600 mm，要在距门窗框的每个角 150 mm 处两个方向设联结件，每个联结件不得少于两个螺丝；

(3) 嵌注密封胶前要清理干净框底浮灰；

(4) 安装门窗后，应注意保护门窗框及玻璃。

三、防盗门安装

安装防盗门时，应先找直、吊正，尺寸测量合适后将其临时固定，并进行校正、调整，无误后方可进行连接锚固。

防盗门的门框可以采用膨胀螺栓与墙体固定，也可以在砌筑墙体时在洞口处预埋铁件，安装时与门框联结件焊牢。门框与墙体不论采用何种连接方式，每边均不应少于 3 个锚固点，且应牢固连接。

防盗门上的拉手、门锁、观察孔等五金配件，必须齐全；多功能防盗门上的密码护锁、电子报警密码系统、门铃传呼等装置，必须有效和完善。防盗门安装以后，要求与地平面的间隙不大于 5 mm。

四、卷帘门安装

卷帘门的安装方式有三种：卷帘门装在门洞边，帘片向内侧卷起的叫洞内安装；卷帘门装在门洞外，帘片向外侧卷起的叫洞外安装；卷帘门装在门洞中的叫洞中安装。

五、木门窗油漆涂饰

装饰工程中的木制品主要指木家具、木地板、木吊顶、木墙裙、木线条等。油漆的施工方式按油漆在木制品表面的装饰特性划分，有透明油漆涂饰和不透明油漆涂饰两种。这里主要介绍木门窗的油漆涂饰。

1. 透明油漆涂饰

透明油漆涂饰又称清漆涂饰，它不仅能保留木材表面原有的特征，而且可通过某些特殊的操作工艺来改变木材本身的颜色，使木制品表面的装饰性更好。

透明油漆涂饰的常用颜色有本色、黄色、茶色(浅茶色、红茶色)、深色(荔枝色、栗壳色、蟹青色)等。其施工工艺流程为:表面处理—补腻子—刷底色—拼色—刷底漆—刷面漆—抛光、修整。具体介绍如下。

1)表面处理

木制品的表面处理内容有脱脂、漂白、去木毛等。

2)补腻子

腻子的品种有虫胶腻子、油性腻子、猪血腻子、聚氨酯腻子等。将调配好的腻子填嵌在木制品表面的裂缝、钉孔和节疤等处,腻子的颜色与底色颜色应基本一致。用刮刀将腻子填入孔缝内并用力压实,使腻子填满孔隙并略凸起,待腻子干燥后,用砂纸包住长方形木块,顺木纹方向进行打磨,磨平后把孔缝周围的腻子痕迹磨除即可。

3)刷底色

按颜色要求选好所需底色。底色的品种按使用液体不同,分为水底色、油底色和水油混合底色三种。水底色是用水和老粉、着色颜料或染料调制而成的糊状物,适用于一切针叶树材和阔叶树材的木制品表面油漆的着色。油底色是用光油和老粉、着色颜料调配而成的糊状物,主要用于软质木材(如杉木、椴木、泡桐木等)表面的油漆着色。水油混合底色是用水、石膏粉、着色颜料和少量光油调配而成的膏状物,适用于在木眼多而大的木材表面进行不透明油漆的涂饰。施工时,用棉纱头、旧布或油刷蘸上底色刷涂在木制品表面上,在底色未干前用软质棉纱头或旧布揩擦。先圈擦和横着木纹方向擦,使底色均匀着色在基面上,并使底色充分填充到木材的毛孔点,然后顺着木纹方向将多余的底色抹净。底色干燥后,用干净的纱头彻底擦去多余的底色,并用刮刀将留在线脚、边角处的底色清除干净。

4)拼色

底色涂刷后,由于木材对底色的吸收程度不同,木制品的表面会出现颜色深浅不一的现象。为使木制品表面的颜色深浅一致,可采用拼色的方法进行修整。拼色时应待底色干后,在浅色部位处刷涂第二遍底色,使该处的颜色加深,这样,整个大面上的颜色深浅基本一致。拼色的部位干燥后,可用旧的水砂纸轻轻打磨,将拼色的痕迹磨去,达到平整光滑的效果。

5)刷底漆

为防止木材中的内含物质和底色着色物质渗透出来,在刷涂底色和拼色后,必须刷涂能起隔离面漆作用的封闭底漆。底漆的品种有虫胶漆底漆、聚氨酯漆底漆和复合色浆底漆。虫胶漆底漆与聚氨酯漆底漆的施工方法相同。先按要求调配好底漆,再用排笔蘸适量底漆,顺木纹方向来回刷涂。每次刷涂应从中间位置落笔,从两端起笔,每次下笔刚好与前笔迹接合,不要重叠,落笔重,起笔轻。底层漆通常刷涂三遍。复合色浆底漆的调配和刷涂方法应按使用说明书的要求进行。

6)刷面漆

面漆应根据具体的种类进行调配和刷涂,现列举几种常用的油漆品种来讲述透明漆饰面的面漆施工。

(1)硝基清漆　硝基清漆的黏度较大,施工时需进行稀释。采用喷涂时,硝基清漆与香蕉水的比例为1∶1.5,刷涂时为1∶(1～1.5),揩涂时为1∶(1～2)。配制时,将硝基清漆和香蕉水倒入陶瓷或搪瓷容器中,用木棍充分搅拌均匀即可。采用刷涂方法施工时,先用排笔蘸上配好的硝基清漆,涂饰时每笔的涂饰量不宜过多,每笔的长短应尽可能一致,不要过多地来回刷涂。待漆膜干燥后,用零号木砂纸打磨,然后刷涂第二遍硝基清漆。采用揩涂方法施工时,将棉花团蘸透硝基清漆后,在基面上不断进行揩擦。揩擦时一般先圈擦,再分段擦,最后直擦。操作时用力要均匀,移动路线要连续,中途不能停顿,也不能固定在一小块地方揩擦次数过多。揩擦第一遍、第二遍和第三遍时硝基清漆与香蕉水的比例分别是1∶1、1∶1.5和1∶2。揩擦时还应待前一遍涂料干燥并打磨后方可进行下一遍涂料的施工。当空气湿度大于75%时,不宜刷涂硝基清漆,否则会出现漆膜发白的问题。

(2) 聚氨酯清漆 聚氨酯清漆在涂饰时,应保证施工场所干净,基面干燥平整。将聚氨酯清漆按产品说明书要求配制后需静置15～30 min再使用。聚氨酯清漆的涂饰方法与硝基清漆相同,刷涂工具是油漆刷子。施工时应自上而下,从左到右,先刷边角线条,后刷大面部分。刷漆时,刷子不宜在中途起落,以免留下刷痕,相邻两道涂膜的搭接宽度不宜过大,也不能过小。面层漆应涂刷两遍以上,且每遍漆膜应干燥打磨后,再刷涂下一道油漆。

(3) 不饱和聚酯漆 不饱和聚酯漆属隔氧型,它在空气中不能固化成膜,须隔绝空气后才能固化成膜。其施工方法有蜡液封闭法和薄膜封闭法。蜡液封闭法是在调制不饱和聚酯漆时加入石蜡溶液,用排笔将不饱和聚酯漆刷涂在木制品上,石蜡浮在漆膜的表面形成一层很薄的膜蜡,使不饱和聚酯漆的涂层与空气隔离。待漆膜固化后,用木砂纸打磨,将浮在漆膜表面的蜡膜擦去,再对漆膜进行抛光处理,即可得到光亮如镜的膜层。薄膜封闭法是将不含蜡液的不饱和聚酯漆刷在木制品上后,用塑料薄膜或玻璃纸进行覆盖,使不饱和聚酯涂层与空气隔绝,待漆膜干后再揭下覆盖层即可。

7) 抛光、修整

抛光前应用木砂纸(360～500号)和肥皂水顺着木纹方向打磨,将漆膜上的排笔毛、刷毛和灰尘等磨去,打磨时应防止把漆膜磨穿露底。磨好后,用干毛巾将肥皂水抹干。再将上光蜡涂在木制品上,3～5 min后,用洁净柔软的纱头顺着木纹方向用力来回揩擦,进行抛光处理。修整就是在露底的部位处进行补色、涂饰油漆、打磨和抛光。

2. 不透明油漆涂饰

不透明油漆涂饰不能显露木材的色泽、纹理,但它能遮盖木材表面的节疤、孔隙等缺陷,并可按设计要求涂饰出各种色彩。

不透明油漆的常用品种有调和漆、硝基磁漆、手扫漆、酚醛磁漆和醇酸磁漆等。在调配时,占颜色比例多的色泽为主色,占比例少的色泽为次色、副色。使用时应把次色、副色加入到主色内,混合搅拌均匀,调色的油漆必须使用同类油漆。在大面积施工前,应先做小样,按小样的实际情况确定各种色漆的配合比。

不透明油漆在涂饰前应首先对基层进行处理。在进行基层处理时,脱脂及去毛刺的方法与透明油漆的处理方法相同,不透明油漆涂饰的基层不需进行漂白处理。补腻子时无颜色要求,嵌填方法及要求与透明油漆涂饰相同。底漆涂饰时一般只需刷1～2道白色油性漆即可;但在涂刷深色面漆时,不能刷涂白色底漆,只能刷涂与面漆颜色相似的底漆。刷涂底漆要顺着木纹方向进行,以使底漆充分填平封闭孔隙。涂饰面层时应按不同的油漆品种进行施工。施工前先配好所需的色彩。使用酚醛磁漆、醇酸磁漆时,用油漆刷蘸上漆后,先在基面上平行地刷上2～3条,然后纵横均匀地展开,顺一个方向收理。刷涂要均匀,不露底色。使用硝基磁漆施工时,硝基磁漆与香蕉水的比例为1∶(1.2～2)。先用排笔蘸上配好的漆液在基面上平行地刷上2～3遍;等漆膜干燥后用棉布蘸漆擦涂,先圈擦后横擦;最后用硝基磁漆与香蕉水的比例为1∶2的漆液横拉1～2遍即可。

六、金属门窗油漆涂饰

金属制品油漆主要是指在钢材表面的油漆操作。

金属制品在油漆前应先进行表面处理,而后在表面刷上1～2道防锈底漆,刷涂厚度要均匀。再用腻子填补制品表面凹陷、擦伤及焊接处凹凸不平的地方。腻子干燥后应用木砂纸打磨平滑,然后用干净的毛巾或棉纱头将制品表面的灰尘清除干净,再用排笔或油漆刷将选好的面漆刷涂在制品上,刷涂时油漆用量不宜过多,涂饰要均匀,一般涂两遍以上,刷涂时应待前遍油漆干燥并打磨后才能涂饰后一遍油漆,最后再打磨抛光。

油漆涂饰除了按以上工艺操作外,还应根据油漆品种要求,按具体规定进行施工。

思考与练习

1. 参观、收集各类门窗装饰的装饰材料,并说出其所用材料的特性。
2. 简述新材料与新工艺对门窗装饰设计的影响。
3. 临摹几种典型的门窗装饰构造图及细部节点详图。
4. 简述各种门窗装饰施工做法的原理及特点。
5. 自选材料设计门窗形式,写出相应的施工工艺,并绘制相应构造图。
6. 继续关注、收集不同的门窗装饰材料信息,了解其施工工艺。

项目五
楼梯及其他装饰材料及施工工艺

教学目标

最终目标:(1) 熟悉楼梯及其他常用装饰材料的基本性能和规格;

(2) 掌握常见楼梯及其他装饰的施工工艺和构造;

(3) 了解常见楼梯及其他装饰的构造做法,能够准确快速识读构造图。

促成目标:(1) 能在设计中正确选用材料,能够灵活运用不同的材料和选择不同做法来实现设计意图;

(2) 能够绘制常见的楼梯及其他装饰节点构造图。

工作任务

(1) 学习常用的楼梯及其他装饰材料;

(2) 掌握常见楼梯及其他装饰的施工工艺;

(3) 识读并临摹常见楼梯及其他装饰构造图。

活动设计

1. 活动思路

从设计和施工的角度出发,学生应了解目前常用装饰材料的基本性能、特征及规格,通过多媒体图例和样板间样品对常用楼梯及其他装饰材料进行系统学习;同时,通过对施工工艺视频资料学习和构造实训室的实际操作,结合施工现场观摩、考察,学生应对楼梯及其他材料及其施工工艺与构造有一个完整的感知,并能应用于实践中。

2. 活动组织

活动组织如表 5-1 所示。

表 5-1 活动组织

序号	活动项目	具体实施	课时	课程资源
1	楼梯及其他装饰常用材料及性能	理论讲授和讨论分析	2	多媒体、材料样品
2	楼梯及其他装饰常用材料及性能	辅导与讨论分析	2	材料展示样板间、材料构造样板间
3	楼梯及其他施工工艺	辅导与讨论分析	2	多媒体、视频资料
4	楼梯及其他装饰构造的分类	理论讲授和讨论分析	2	多媒体
5	工地观摩	考察与讲解	2	工地

3. 活动评价

评价内容为学生作业;评价标准如表 5-2 所示。

表 5-2 评价标准

评价等级	评价标准
优秀	能够选用合适的材料设计楼梯及其他装饰形式,写出相应的施工工艺,并绘制相应构造图。设计新颖,施工工艺合理可行,且能够合理利用材料的特性和装饰构造的原理
合格	能够选用合适的材料设计楼梯及其他装饰形式,写出相应的施工工艺,并绘制相应构造图。设计普通,施工工艺基本合理可行,基本能够利用材料的特性和装饰构造的原理
不合格	能够设计楼梯及其他装饰形式,写不出相应的施工工艺,绘制不出相应构造图;对楼梯及其他装饰材料的特性和装饰构造原理掌握不够

单元一 楼梯及其他装饰材料

一、楼梯

公共场所的楼梯一般布置在交通枢纽和人流集中点上，如门厅、走廊交叉口和端部，分主要楼梯和辅助楼梯两大类。主要楼梯位于大的人流量、疏散点的位置，具有明确醒目、直达通畅、美观协调、能有效利用空间等特点。辅助楼梯布置在次要部位，起疏散交通的作用。

楼梯的布置数量和布置间距必须符合有关防火规范和疏散要求。

楼梯是由梯段、栏杆(栏板)扶手、平台(包括楼层平台和中间平台)三部分组成的。楼梯按材料分类，主要有钢筋混凝土楼梯，钢、木、铝合金楼梯及混凝土-钢复合楼梯，钢-木复合材料楼梯等。

不管何种材料的楼梯，必须先满足结构、构造要求和防火要求，其次才是功能要求和美观的需求。楼梯如图 5-1 所示。

图 5-1 楼梯

二、隔墙和隔断

隔墙和隔断是由于使用功能的需要，通过设计手段并采用一定的材料来分隔房间和建筑物内部空间的结构。它们对空间做更深入、更细致的划分，使装饰空间更丰富、功能更完善。人们往往把到顶的非承重墙称为隔墙，而把不到顶的隔墙称为隔断。图 5-2 所示为隔墙，图 5-3 所示为隔断。

1. 隔墙与隔断的共同要求

(1) 自重轻，可以减轻楼板等结构所承受的荷载；

(2) 厚度薄，占空间少，可以增加有效使用面积；

图 5-2 隔墙

图 5-3 隔断

(3) 具有一定的强度、刚度和良好的稳定性,保证安全使用;

(4) 用于厨房和厕所等特殊房间的时候,应该具有防水、防火、防潮等性能;

(5) 便于拆除,且拆除时不应损坏其他结构构件。

2. 隔墙与隔断的分类

(1) 隔墙根据材料和构造方法的不同,可以分为立筋式隔墙、板材类隔墙、砌块类隔墙三种。隔墙选用材料的重点是考察其防火、防潮性能。

(2) 隔断按照外部形式的不同,可以分为门套式、通透式、移动式、屏风式、帷幕式等。

三、窗帘盒

窗帘盒设置在窗的上口,主要用来吊挂窗帘,并对窗帘导轨等构件起遮挡作用,所以它也有美化居室的作用。

窗帘盒的长度一般以窗帘拉开后不影响采光面积为准,通常为比洞口宽 300 mm 左右(洞口两侧各 150 mm 左右);深度(即出挑尺寸)与所选用的窗帘材料的厚薄和窗帘的层数有关,一般为 120～200 mm,保证在拉扯每层窗帘时互不牵动。窗帘及窗帘盒如图 5-4 所示。

图 5-4 窗帘及窗帘盒

四、变形缝

变形缝包括伸缩缝、沉降缝和抗震缝。

楼地面变形缝一般对应建筑物的变形设计,并贯通于楼地面各层,缝宽在面层不小于 10 mm,在混凝土垫层内不小于 20 mm。

对变形缝要精心处理，特别是抗震缝要求更高一些。

整体面层地面和刚性垫层地面，在变形缝处断开，垫层的缝中填充沥青麻丝，面层的缝中填充沥青玛蹄脂或加盖金属板、塑料板等，并用金属调节片封缝。

五、软装饰

软装饰不受建筑结构限制，通常可加个人创意，自己动手设计和布置，形式灵活、材料多样，花钱少、费时少，深受喜爱，正成为一种新的生活时尚。它通常包括装饰配色，家具摆放，布艺，饰品搭配等。

单元二 楼梯及其他装饰的施工工艺与构造

一、楼梯

楼梯的装修部位主要是踏步面层、栏杆或栏板及扶手三部分。它们以不同的材料和造型手法来实现各自不同的功能和装饰效果。

1. 楼梯踏步面层

楼梯应有足够的承载能力、采光条件及牢固的构造措施。楼梯踏步面层要求坚硬、耐磨、防滑、便于清洁并具有一定装饰性，其构造方法与楼地面的做法基本相同。根据设计要求和装修标准的不同，楼梯面层分为抹灰装饰、贴面装饰、铺钉装饰及地毯铺设等几类做法。踏步面层的材料主要有石材、木材、地砖、锦砖、地毯、金属板等。住宅楼梯除了可用上述材料外，还可以使用安全玻璃。各种踏步面层如图 5-5 所示。下面具体介绍面层的几类装饰做法。

1）抹灰装饰

抹灰装饰多用于钢筋混凝土楼梯，是最常见的普通饰面处理。

2）贴面装饰

楼梯的贴面材料有板材和面砖两大类。选用材料要求耐磨、防滑、耐冲击，并且便于清洗、踏感舒适，其质感应符合装修设计的需要。贴面装饰多用于钢筋混凝土楼梯和钢楼梯的饰面处理。通常有板材饰面和面砖饰面。

3）铺钉装饰

楼梯铺钉装饰常用于人流量较小的室内楼梯，主要饰面材料有硬木板、塑料、铝合金、不锈钢、铜板等。铺钉的方式分为架空和实铺两种。

(1) 小搁栅架空式的踢面板一般是铺在踏步踢面上。

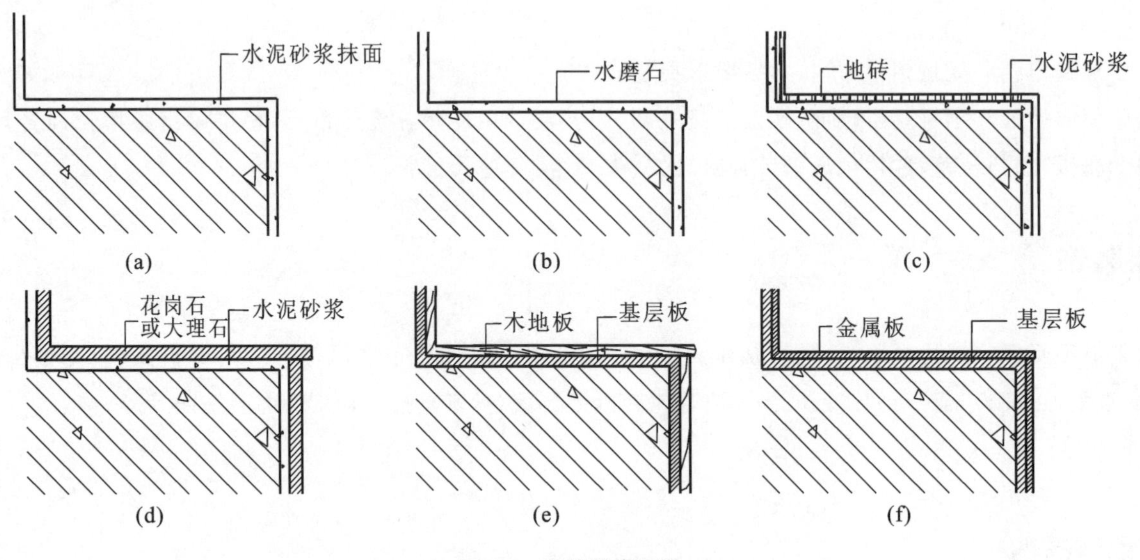

图 5-5　各种踏步面层

(a) 水泥砂浆踏步面层；(b) 水磨石踏步面层；(c) 地砖踏步面层；

(d) 花岗石或大理石踏步面层；(e) 木地板踏步面层；(f) 金属板踏步面层

(2) 实铺式常在踏口角用铜或铝合金、塑料成品型材包角，使踏口既不易损坏又美观整齐。

4) 地毯铺设

楼梯铺设地毯适用于较高级的公共建筑，如宾馆、饭店、高级写字楼及小别墅等场所。楼梯地毯铺装工艺要求严格，不仅要求铺装牢固妥帖、利于行走，而且还要求美观、拆卸方便。

地毯铺设形式有两种，一种为连续式，另一种为间断式。地毯固定分为粘贴式和浮云式两类。不管是哪种方式铺装，首先应测算楼梯踏步的具体宽度、高度、深度，并确保准确无误。

为了行走时安全、舒适和便捷，防止滑倒，踏步表面应设防滑条，在边口做防滑收口处理，防滑条就突出踏步面层 2～3 mm，宽度为 10～20 mm，常用材料有金刚砂、水泥铁屑、陶瓷地砖、锦砖、石材及各种金属条等。楼梯地毯收口形式如图 5-6 所示。各种踏步防滑条构造如图 5-7 所示。

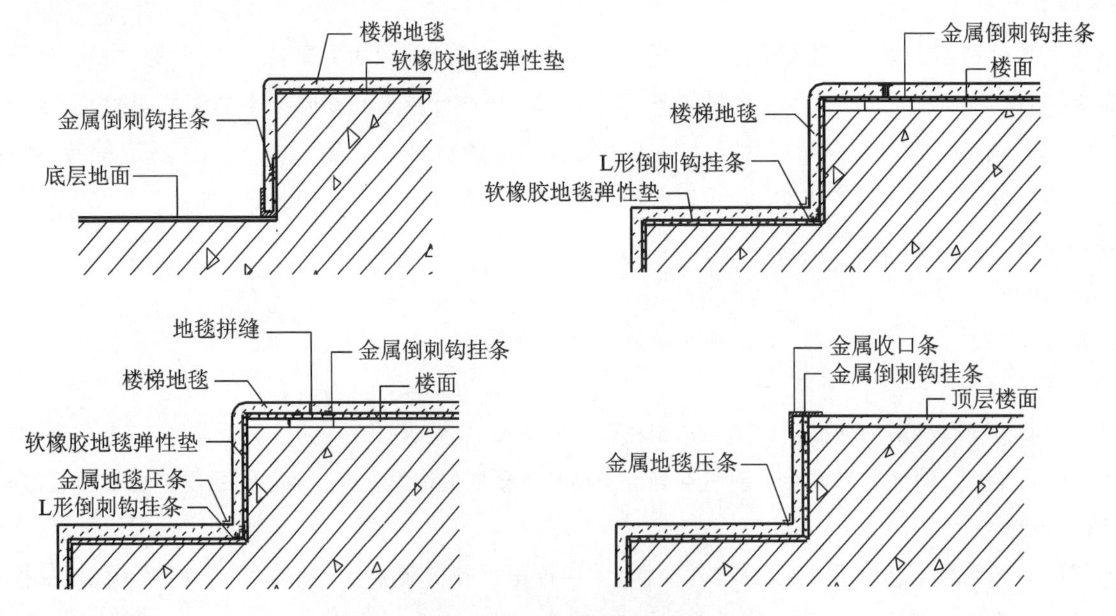

图 5-6　楼梯地毯收口形式

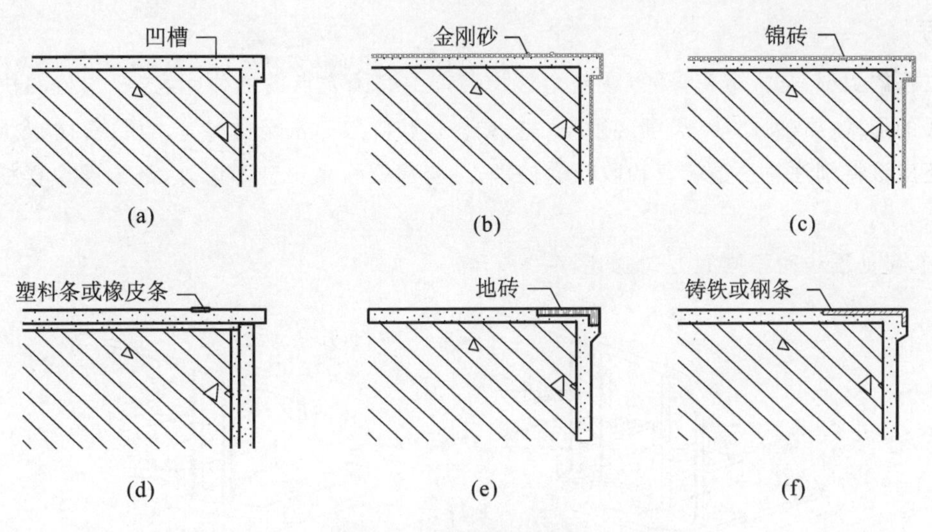

图 5-7　踏步防滑条构造

(a) 防滑凹槽；(b) 金刚砂防滑条；(c) 锦砖防滑条；
(d) 橡皮防滑条；(e) 地砖防滑条；(f) 铸铁防滑条

2. 楼梯栏杆

栏杆或栏板在楼梯中起围护作用，既能防止人从楼梯上摔下，又有很好的装饰效果。常见的有木栏杆、金属栏杆、安全玻璃栏板等。玻璃栏板构造如图 5-8 所示。

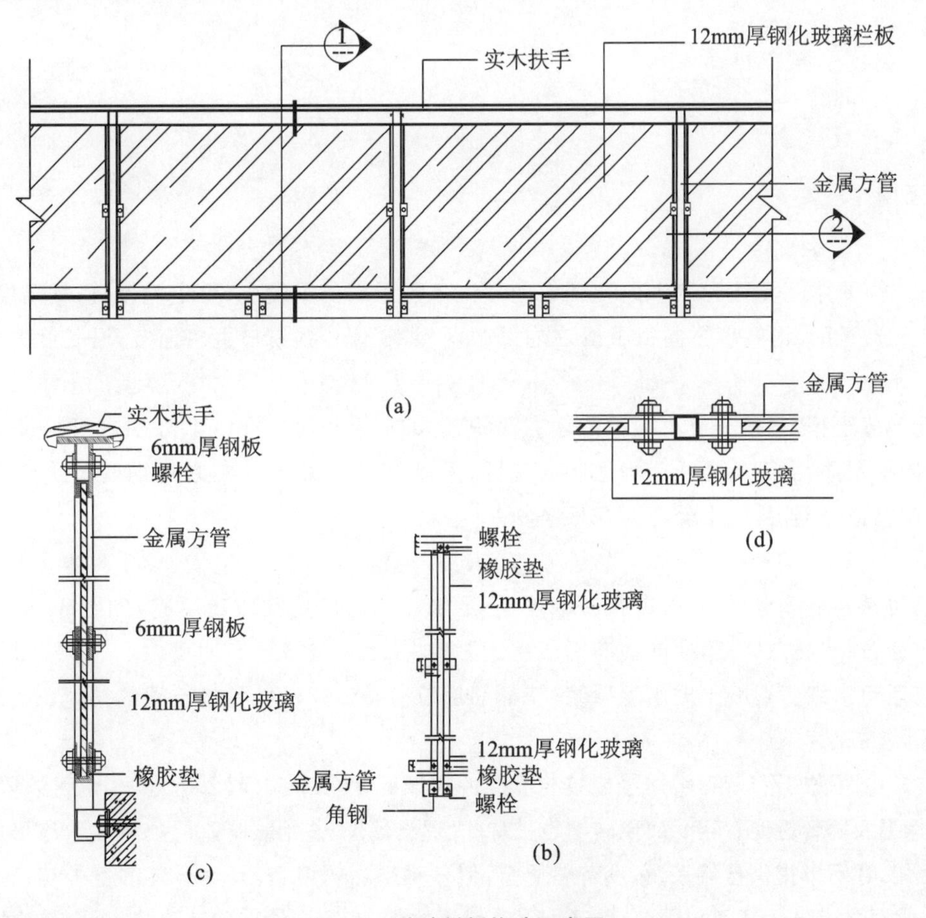

图 5-8　玻璃栏板构造示意图

(a) 立面图；(b) 大样图；(c) ①剖面图；(d) ②剖面图

3. 楼梯扶手

扶手位于栏杆的上部,与人亲密接触,在整个楼梯装饰中有画龙点睛的作用,选择恰当的扶手对楼梯装饰极为重要。扶手的形式、质感、材质、尺度必须与栏杆或栏板相呼应。常用材料有木质、石材、金属和塑料等。

楼梯扶手还应该特别注意的是转弯和收头的处理,这些部位除了安全考虑外,还是整个楼梯最精彩和最富表现力的地方。

另外,楼梯起步处理也有不同的方式,如图 5-9 所示。

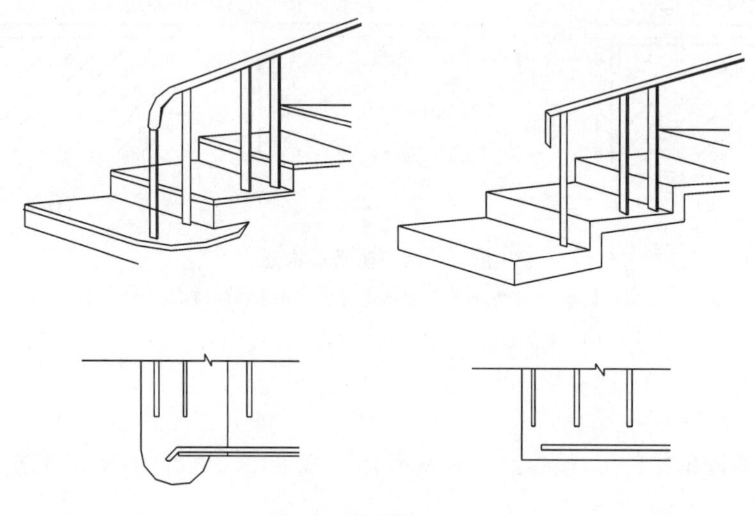

图 5-9　楼梯起步处理

二、隔墙

1. 砌块式隔墙

1) 1/2 砖隔墙

这种隔墙施工简便,防水、隔声性能较好,但自重较大。由于墙的厚度小,稳定性较差,其高度不宜大于 3 m,长度不宜大于 5 m。否则,沿高度方向每 1 m 左右须放两根 ϕ6 mm 钢筋与主墙连接,沿长度方向须加壁柱。

2) 1/4 砖隔墙

这种隔墙能节省面积,适用于砌小面积的墙。面积较大时,沿长度方向每 1 m 左右可加设与墙同厚的细石混凝土小立柱,内配钢筋,上下与楼板或地面垫层锚固,沿高度方向每 1 m 左右用钢筋与主墙连接固定。墙面上开设门洞时,门框最好到顶,门上部可钉灰板条抹灰。

3) 空心砖隔墙

空心砖隔墙可减轻墙体自重,一般以整砖砌筑,不足整砖的部位用实心砖填充,如图 5-10 所示。空心砖的孔一般可上下贯通,以利插入钢筋,横向插筋需要用过梁砖,其上面或下面有凹槽。

空心砖插筋后可灌细石混凝土或水泥砂浆,使插筋部位有类似构造柱和构造梁的功能。

4) 玻璃砖隔墙

空心玻璃砖是由两块凹形玻璃,经熔接或胶结而成的玻璃砖块,其腔内可以是空气,也可以填入隔热、隔音材料,以提高隔热保温及隔音性能。空心玻璃砖墙也被称作"透光墙壁"、"给眼睛吃的冰激凌",玻璃砖隔墙不仅仅是作为空间分隔之用,还可以提供自然采光,没有憋屈感,似一种采光的墙壁,常用于装饰性外墙、花窗、发光地面及室内隔墙、隔断、柱面的装饰。还可以隔热、隔音、节能,维修方便,在室内做玻璃砖隔墙也具有较强的装饰效果。

空心玻璃砖隔墙的装修示意如图 5-11 所示。

图 5-10　砌筑空心砖隔墙

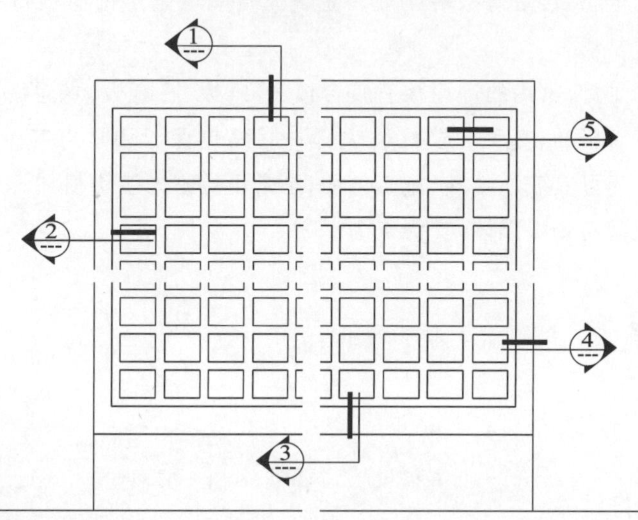

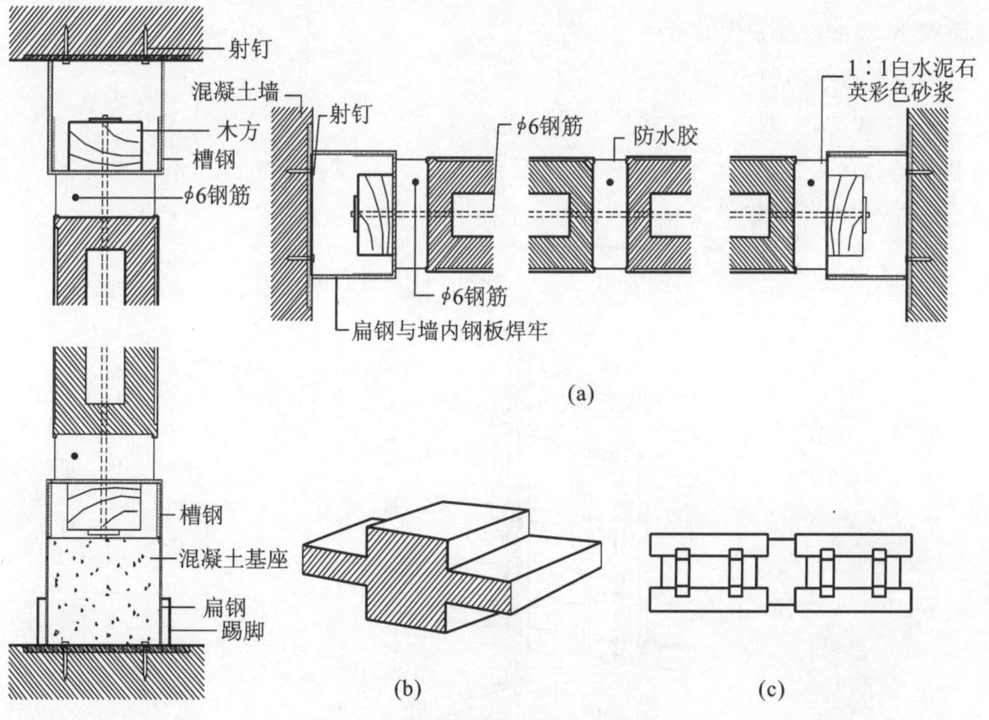

图 5-11　空心玻璃砖隔墙装修示意图

(a) 空心玻璃砖隔墙的基本构造(①、②、③、④、⑤剖面图)；(b) 十字固定件；(c) 十字固定件的安装

2. 立筋式隔墙

立筋式隔墙,也称为骨架隔墙,是以轻钢龙骨、木龙骨等作为骨架,以纸面石膏板、人造木板、水泥纤维板等作为装饰面板而形成的轻质隔墙。常用的隔墙龙骨有木龙骨和金属龙骨两种。另外,一些利用工业废料和部分建筑材料制成的龙骨也常有使用,如石棉水泥骨架、浇注石膏骨架、水泥刨花板骨架等。

1) 木龙骨隔墙

这是采用木龙骨、木质板材饰面或是板条饰面的室内小型隔墙形式。它质量小、造型灵活、拆装灵活方便;但是防火、防潮及隔声性能较差。

木龙骨隔墙施工工艺流程为:基层处理—弹线分格—拼装木龙骨骨架—木龙骨骨架固定—板面安装—踢脚板安装。

2) 金属龙骨隔墙

金属龙骨一般由薄壁钢板、铝合金薄板等构成。金属龙骨隔墙是用饰面板材镶嵌于骨架中间或贴于骨架两侧而形成的。

常用的金属龙骨是轻钢龙骨,常用的饰面板有胶合板、纤维板、石膏板、水泥刨花板、石棉水泥板、金属薄板和玻璃板等。纸面石膏板具有轻质、高强、抗震、防火、防蛀、隔热保温和隔声等性能,并且具有良好的可加工性,如裁、钉、刨、钻、黏结等,而且其表面平整、施工方便,是常用的室内装饰材料。

最常见的是轻钢龙骨纸面石膏板隔墙,其优点为:

(1) 质轻,强度较高;

(2) 尺寸稳定,不容易变形;

(3) 装饰方便;

(4) 隔声性能好;

(5) 抗震性能好;

(6) 自动调湿排湿性能好;

(7) 占地面积小,可以增加室内有效使用面积;

(8) 便于管道及电器线路的埋设;

(9) 施工方便,工效高,工期短,能减轻工人劳动强度。

轻钢龙骨作为墙体的骨架,按其外形可分为 U 型和 C 型两种;按用途可分为沿顶龙骨、沿地龙骨、竖龙骨、通贯横撑龙骨、加强龙骨等。轻钢龙骨隔墙的骨架构造如图 5-12 所示。

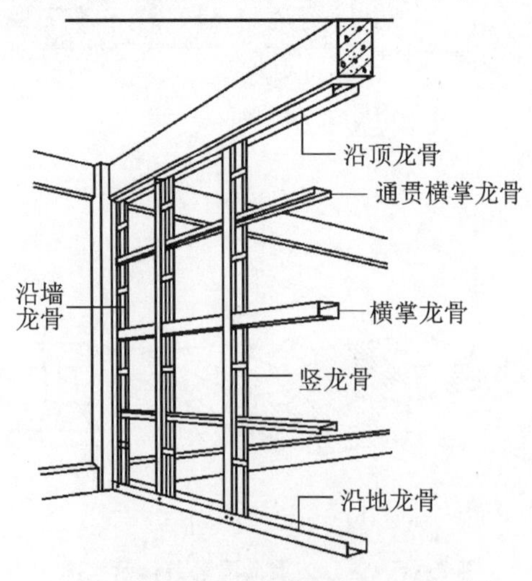

图 5-12　轻钢龙骨隔墙骨架构造

3）轻钢龙骨隔墙施工工艺

轻钢龙骨隔墙如图 5-13 所示，其施工工艺流程为：墙位弹线—安装天地龙骨—竖龙骨分档、安装—安装贯通龙骨—安装横撑龙骨—安装饰面板。

图 5-13 轻钢龙骨隔墙

纸面石膏板可以用自攻螺钉直接将其钉在金属龙骨上，有单层板隔墙和双层板隔墙两种。采用双层纸面石膏板时，两层板的接缝一定要错开，竖向龙骨中间通常还需设置横向龙骨，一般距地 1.2 m 左右。

1）墙位弹线

根据施工设计图进行弹线，先弹顶棚位置线，在顶棚位置线两端点引线坠确定地面位置线，最后弹墙体位置线。

2）安装天地龙骨

以 400 mm 间距在天地龙骨位置钻孔备木楔，将天地龙骨进行初步固定。

3）竖龙骨分档、安装

测量天地龙骨的间距后裁切竖龙骨，竖龙骨的安装间距要根据石膏板的模数而定，目前市场上石膏板的宽度为 1 200 mm，所以竖龙骨的间距可以为 300 mm、400 mm 或 600 mm，这样就可以使相邻的两块板准确地搭在竖龙骨上。竖龙骨调整垂直后应该将其与天地龙骨连接固定，最后用膨胀螺栓将天地龙骨进一步固定。

4）安装贯通龙骨

如果隔墙的高度大于 3 000 mm，要加横向贯通龙骨，并在其与竖龙骨的交叉处用支撑卡连接固定。

5）安装横撑龙骨

安装横撑龙骨要根据石膏板的长度，安装在石膏板搭接位置。安装横撑龙骨后，可根据要求，先放入隔音或保暖材料，再封板。图 5-14 所示为放好隔音棉后尚未封板的隔墙。

图 5-14 放好隔音棉后尚未封板的隔墙

6）安装饰面板

饰面板相邻两板要错缝安装，安装前，要在石膏板上以竖龙骨间距画好线，石膏板安装从板的一端开始，紧固螺钉从板的一边开始向另一边固定。图 5-15 所示为封板后的隔墙。

图 5-15 封板后的隔墙

墙面石膏板之间的接缝，主要有暗缝、压缝和凹缝三种做法，如图 5-16 所示。

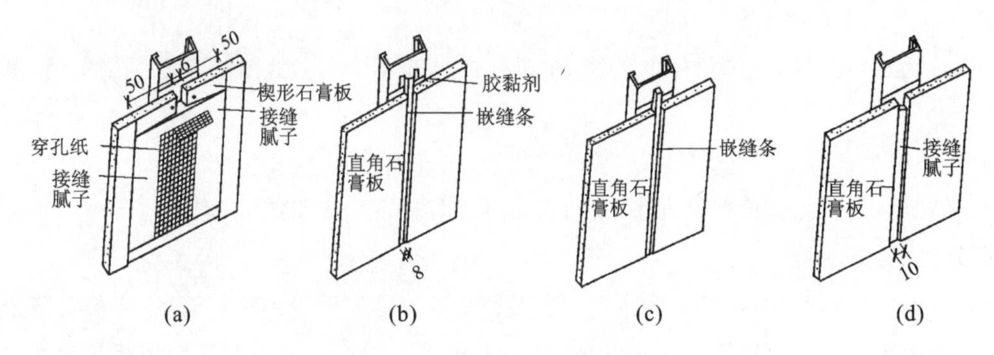

图 5-16 墙面石膏板嵌缝做法

(a) 暗缝做法；(b) 金属压缝做法；(c) 木压缝做法；(d) 凹缝做法

(1) 暗缝做法，在板与板的拼缝处，嵌专用胶液调配的石膏腻子与墙面找平，并贴上接缝纸带(5 cm 宽)，然后再用石膏腻子刮平。一般性普通工程较适用。

(2) 压缝做法，即在接缝处压进木压条、金属压条或塑料压条。这样做对板缝处的开裂可起到掩饰作用。缝内嵌压缝条，装饰效果较好，适用于公共建筑，如宾馆、大礼堂、饭店等场所。

(3) 凹缝做法，又称明缝做法，是指用特制工具(针锉和针锯)将板与板之间的立缝勾成凹缝。

3. 板材式隔墙

板材式隔墙是指用那些不需要骨架、厚度较大且高度等于隔墙总高(通常为室内净高)的板材拼装成的隔墙。在必要时，也可按一定间距设置一些竖向龙骨，以提高其稳定性。

板材式隔墙所用的板材是各种厚板。常用的有加气混凝土条板、空心石膏条板、碳化石灰板、石膏珍珠岩板及各种各样的复合板。

常用的空心石膏条板是以建筑石膏为主要原料，掺加适量的粉煤灰、水泥和增强纤维，经制浆拌和、浇注成型、抽芯、干燥等工艺制成的轻质板材，具有质量小、强度高、隔热、隔声、防火等性能，可进行钉、锯、刨、钻等加工，施工简便。

空心石膏条板隔墙的安装不需要设置龙骨，一般隔墙多采用刚性连接的下楔法固定。墙板与顶棚之间、墙板与墙板之间等部位均用107胶水泥砂浆黏结。条板上部端面也可以用791石膏胶泥与楼板(或梁)下部直接黏结,如图5-17所示。

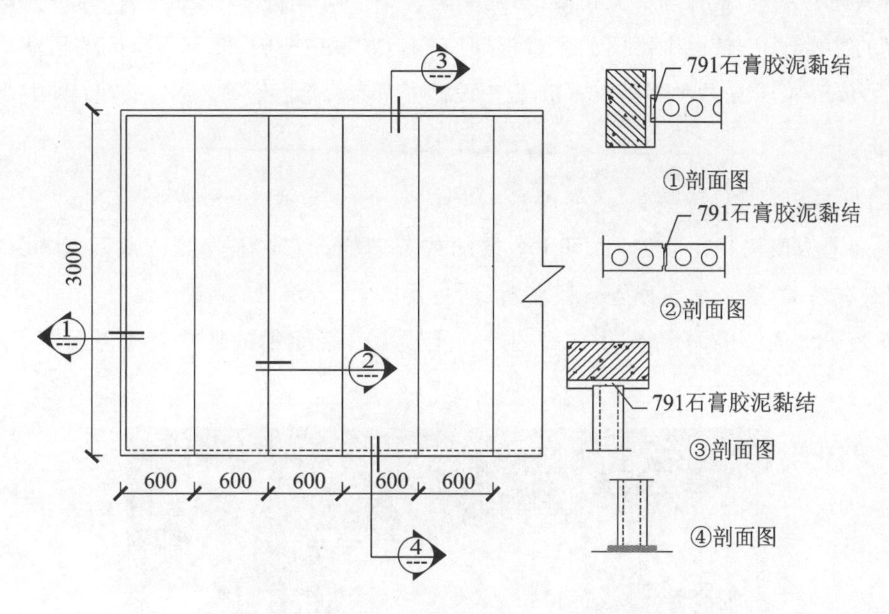

图5-17 空心石膏条板隔墙构造示意图

三、隔断

从隔断的限定程度分,可分为通透式隔断和隔墙式隔断等;按照使用材料分,隔断可分为竹木隔断、玻璃隔断、金属隔断和混凝土花格隔断等;从固定方式上分,隔断可分为固定式隔断和活动式隔断,活动式隔断又可以分为折叠式、直滑式、拼装式、卷帘式、屏风式等,如图5-18所示。

图5-18 隔断

1. 门套式与通透式隔断

这两种隔断的共同特点是:通体与四壁相接,与整个室内装修同时制作,是室内装修的一个重要组成部分,并成为两个空间共享的艺术作品,使两个不同的区域能够有机地联系在一起,使不同空间的居室风格达到完美的统一,空间更加充满活力。它们虽是两种不同的隔断,但在设计中两者又相互借鉴,“你中有我,我中有你”,融合统一。

2. 活动式隔断

1)拼装式隔断

拼装式隔断封装面板既可用木质的,也可用金属的或玻璃的。它由若干独立的隔扇拼装而成。因为没有导轨和滑轮,不能左右移动,要一扇一扇地安装和拆卸,如图 5-19 所示。

隔断的上部安装一个通长的固定槽,用螺钉固定在平顶上。固定槽的形式有槽形和 T 形两种。固定槽有木制和钢制两种。

图 5-19　拼装式隔断

2)直滑推拉式隔断

直滑推拉式隔断的隔扇可以是独立的,也可以利用铰链连接在一起。支承构造的滑轮可以固定在隔扇的下端,与地面轨道共同构成下部支承点,并起转动或移动隔扇的作用;也可以安装在隔扇的上端,作支撑导向式固定。直滑推拉式隔断实例如图 5-20 所示。

图 5-20　直滑推拉式隔断

其轨道的断面多数为凹槽形，滑轮以两轮或四轮为一个小车组。滑轮可以用螺栓固定在隔扇上，也可以用连接板固定在隔扇上。

3）折叠式隔断

折叠式隔断可以随意展开和收拢，主要由轨道、滑轮和隔扇三部分组成。其结构一般采用悬吊导向式固定结构，将隔扇顶部的滑轮和轨道与上部悬吊系统相连，由此承受整个隔断的质量，如图 5-21 所示。

为了保证隔断具有较好的隔声性能，必须处理好隔扇与隔扇之间、隔扇与楼地面之间以及隔扇与洞口两侧间的缝隙。

图 5-21 折叠式隔断

4）卷帘式隔断

卷帘式隔断如图 5-22 所示。

图 5-22 卷帘式隔断

5）软隔断

软隔断通过纱帘、串珠等来分隔空间。软隔断的优点在于视觉通透、开阔，容易布置、改变，但同时形成了视觉上的隔断效果，使人感觉隔断的两侧是两个不同的功能空间，拉开以后，空间又成为一体。它简单实用、柔化空间、轻松地增加了视觉上的空间感、装饰感强、造价便宜，如图 5-23 和图 5-24 所示。

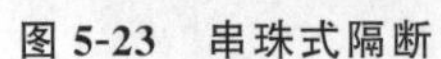
图 5-23　串珠式隔断

图 5-24　羽毛式隔断

四、窗帘盒

吊挂窗帘的方式有三种，即软线式、棍式和轨道式。

(1) 软线式　选用 14 号钢丝或包有塑料的各种软线吊挂窗帘。软线易受气温的影响产生热胀冷缩而出现松动，或者由于窗帘过重而出现下垂。因此，可在端头设元宝螺帽加以调节。这种方式多用于吊挂较轻质的窗帘或跨度在 1.0～1.2 m 的窗口。

(2) 棍式　采用 ϕ10 mm 钢筋、铜棍、铝合金棍等吊挂窗帘布。这种方式具有较好的刚性，当窗帘布较轻时，适用于 1.5～1.8 mm 宽的窗口。跨度增加时，可在中间增设支点。

(3) 轨道式　采用以铜或铝制成的窗帘轨，轨道上安装小轮来吊挂和移动窗帘。这种方式具有较好的刚性，可用于大跨度的窗子。由于轨道上设有小轮，拉扯窗帘方便，因而特别适宜于重型窗帘布。

窗帘盒的支架应固定在窗过梁或其他结构构件上。当层高较低或者窗过梁下沿与顶棚在同一标高时，窗帘盒可以隐蔽在顶棚上，其支架固定在顶棚搁栅上。另外，窗帘盒还可以与照明灯槽、灯具结合成一体。窗帘盒的构造如图 5-25 所示。

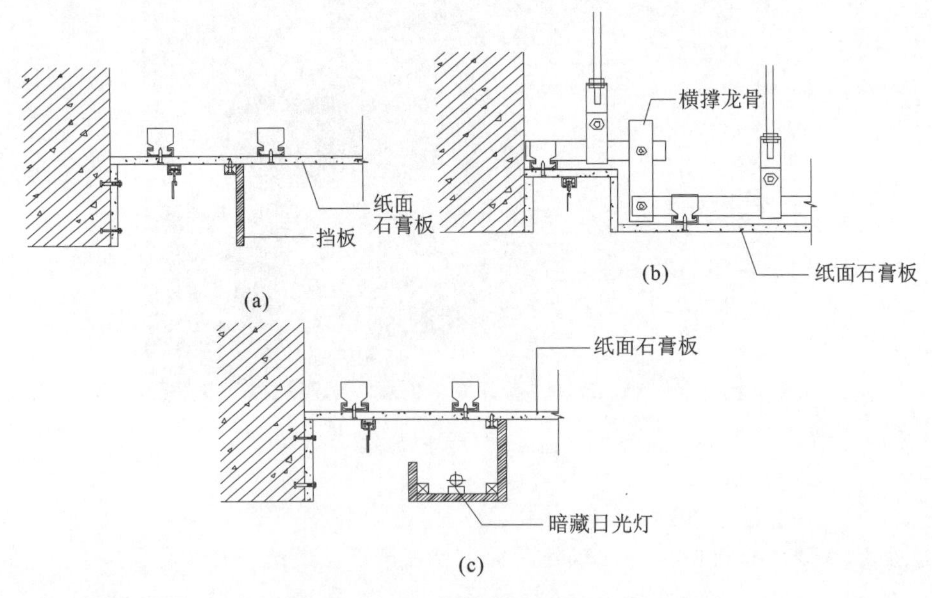

图 5-25　窗帘盒构造

(a) 明窗帘盒；(b) 暗窗帘盒；(c) 窗帘盒与反射灯

思考与练习

1. 参观、收集各类楼梯、隔墙等装饰的装饰材料，并说出其所用材料的特性。
2. 简述新材料与新工艺对楼梯、隔墙等装饰设计的影响。
3. 临摹几种典型的楼梯、隔墙等装饰构造图及细部节点详图。
4. 简述各种楼梯、隔墙等装饰施工做法的原理及特点。
5. 自选材料设计楼梯、隔墙等形式，写出相应的施工工艺，并绘制相应构造图。
6. 继续关注、收集不同的楼梯、隔墙等装饰材料信息，了解其施工工艺。

题　　库

ShiNeiZhuangShi

CaiLiao Yu GouZao (DI-ERBAN)

一、填空题

1. 玻璃墙面的饰面构造一般有四种:________、________、________、________。

2. 胶合板的层数应为______数,可以分为______、______、______和______,其中最常用的有______和______。

3. 顶棚装饰的作用有:______________________________和______________________________。

4. 陶瓷锦砖俗称__________,是以__________烧制成的__________。按其表面性质分为__________和__________两种,目前各地的产品多为__________。可用于工业与民用建筑的清洁车间、门厅、走廊、卫生间、餐厅及居室的________和________装修。

5. 在吊顶上设置上人孔洞既要满足使用要求,又要尽量__________,使吊顶结构完整统一。吊顶上人孔洞的尺寸一般不小于____cm × ______cm。

6. 塑料地板按所用树脂可分为三大类:__________塑料地板、__________塑料地板和__________塑料地板。目前,绝大部分塑料地板属于__________。

7. 涂料施工的方法一般有:________、________、________和________。

8. 常用的龙骨按材质不同,可分为__________、__________和__________。

9. 楼地面构造基本上可以分为两部分,即__________与__________。

10. 锦砖分__________锦砖和__________锦砖两种。

11. 室内装饰的艺术效果主要取决于材料及做法的________、________、________三方面因素构成,即常说的建筑物饰面的三要素。

12. 壁纸按面层材质分类,可分为:__________、__________、__________、和__________等。

13. 墙面装饰按照墙面使用材料和施工方法的不同,可以分为六类,即________、________、________、________、________和________。

14. 石材干挂法的施工工艺流程为:________—________—________—________—________—________。

15. 轻钢龙骨的断面有________型、________型、________型及________型。

16. 板块料楼地面主要包括__________类和__________类两种。

17. 按照使用材料分,隔断可分为________隔断、________隔断、________隔断和________隔断。

18. 如果隔墙的高度大于__________mm时,要加横向贯通龙骨,并在其与竖龙骨的交叉处用__________连接固定。

19. 为了行走时安全、舒适和便捷,防止滑倒,踏步表面应设防滑条,常用材料有________、________、________、________及各种金属条等。

20. 块材式楼地面的施工工艺流程为:________—________—________—________—________—________。

二、选择题

1. 聚酯树脂型人造石材可以用于(　　)。

A. 室外地面　　B. 室内地面

C. 卫生间地面　　D. 室外墙面

2. 天然大理石可以用在哪些位置？(　　)

A. 室内吊顶　　B. 室外墙面

C. 室内地面　　D. 室内实验台

3. 下列关于普通平板玻璃的描述，(　　)是正确的。

A. 具有良好的透光透视性能，透光率达到85%左右

B. 紫外线透光率较高

C. 隔声，略具保温性能，有一定机械强度，为脆性材料

D. 紫外线透光率较低

4. 壁纸施工完成后，对气泡的处理方法正确的是(　　)。

A. 用注射器小心吸出气泡里的空气，再赶压平整

B. 反复赶压直到气泡消失

C. 用小刀划开一道小口，将气泡赶出，再赶压平整

D. 不做处理，气泡会自行消失

5. 下列不属于吊顶构件的是(　　)。

A. 龙骨　　B. 吊杆

C. 楼板　　D. 饰面板

6. 下列不是玻化砖常用尺寸的是(　　)。

A. 300mm×300mm　　B. 300mm×450mm

C. 600mm×600mm　　D. 700mm×700mm

7. 某居民楼附近噪声严重，采用多功能门窗玻璃，选(　　)能达到这些要求。

A. 中空玻璃　　B. 普通平板玻璃

C. 夹层玻璃　　D. 吸热玻璃

8. 装饰用木材分针叶树材和阔叶树材，下列全是针叶树材的是(　　)。

A. 红松、杉木、水曲柳、马尾松

B. 柞木、橡木、柚木、榆木

C. 红松、柏树、杉木、马尾松

D. 泡桐、柞木、落叶松、马尾松

9. 某高档别墅设计用地热采暖地面，下列材料中(　　)可以考虑。

A. 实木地板　　B. 实木复合地板

C. 强化地板　　D. 竹地板

10. 某商场选用木质地板做地面装修材料时，按国标规定的耐磨转数指标为(　　)。

A. 耐磨转数≥8 500 r/min　　B. 耐磨转数≥6 000 r/min

C. 耐磨转数≥4 000 r/min　　D. 耐磨转数≥9 000 r/min

11. 吊顶施工时,吊顶的标高弹线方法为(　　)。

A. 从顶面向下测量　　B. 从地面向上测量

C. 从顶面向上测量　　D. 从地面向下测量

12. 干铺法铺室内地砖时,水泥砂浆的干湿程度应控制在(　　)。

A. 拌制均匀,松散握不成团　　B. 需要测量最佳含水率

C. 没有水份析出　　D. 手握成团,落地开花

13. 轻钢龙骨纸面石膏板隔墙施工时,竖龙骨的间距不正确的是(　　)。

A. 300mm　　B. 400mm

C. 500mm　　D. 600mm

14. 纸面石膏板采用何种方式固定于轻钢龙骨之上(　　)。

A. 自攻螺钉　　B. 铆钉

C. 水泥钢钉　　D. 膨胀螺栓

15. 现代建筑装饰中,常用的给排水管道的主要材料为(　　)。

A. 金属材料　　B. 塑料材料

C. 橡胶材料　　D. 陶瓷材料

16. 水泥属于(　　)性胶凝材料。

A. 气硬　　B. 水硬

C. 块状　　D. 散粒

17. 下列哪种属于按材料划分的窗(　　)。

A. 固定窗　　B. 钢窗

C. 推拉窗　　D. 平开窗

18. 人造大理石相对于天然大理石,其优点很多,以下不属于其优点的是(　　)。

A. 强度大　　B. 色差较小

C. 耐酸碱　　D. 辐射小

19. 装饰材料的性能与以下哪种属性无关(　　)。

A. 色彩　　B. 吸水性与吸湿性

C. 孔隙率　　D. 密度与强度

20. 下列材料吸声功能最强的是(　　)。

A. 玻璃　　B. 石膏板

C. 海绵　　D. 密度板

三、实践题

1. 一套两居室,墙体都为24墙,其中两间卧室和一间客厅铺实木地板,按图纸标注尺寸,三个房间分别为:4 240 mm × 3 640 mm;3 840 mm × 3 240 mm;5 640 mm × 5 240 mm。回答下列问题。

(1) 为什么实木地板在铺设前要在房间放几天?

(2) 计算该两居室实木地板的使用量。(合理考虑损耗)

(3) 如果这三个房间都改铺 600 mm × 600 mm 地砖,计算所需地砖多少块。(合理考虑损耗)

2. 简述轻钢龙骨吊顶的施工工艺流程,并绘制其构造详图。

3. 简述石材干挂法的施工工艺流程,并绘制其构造详图。

4. 一包间长为 6 m,宽为 4.5 m,高为 3 m,开有一扇门,尺寸为 2 100 mm×900 mm,墙面粘贴壁纸,计算需要普通壁纸多少卷?(合理考虑损耗)

5. 什么是斩假石?它的装饰效果如何?绘制斩假石饰面的分层构造示意图。

6. 绘制复合强化木地板的结构示意图,并阐述其特点及应用情况。

7. 一房间长为 10 m,宽为 4.5 m,高为 3m,要用轻钢龙骨纸面石膏板隔墙将其隔成两个房间。回答下列问题。

(1)绘制轻钢龙骨纸面石膏板隔墙构造详图。

(2)计算需要多少块纸面石膏板。

(3)在纸面石膏板上刷乳胶漆,计算需要多少乳胶漆。

CANKAO WENXIAN

［1］ 张倩.室内装饰材料与构造教程[M].重庆:西南师范大学出版社,2006.
［2］ 赵方冉.装饰装修材料[M].北京:中国建材工业出版社,2002.
［3］ 张洪双,刘长志,何靖泉.材料与工艺[M].沈阳:辽宁美术出版社,2007.

彩　图

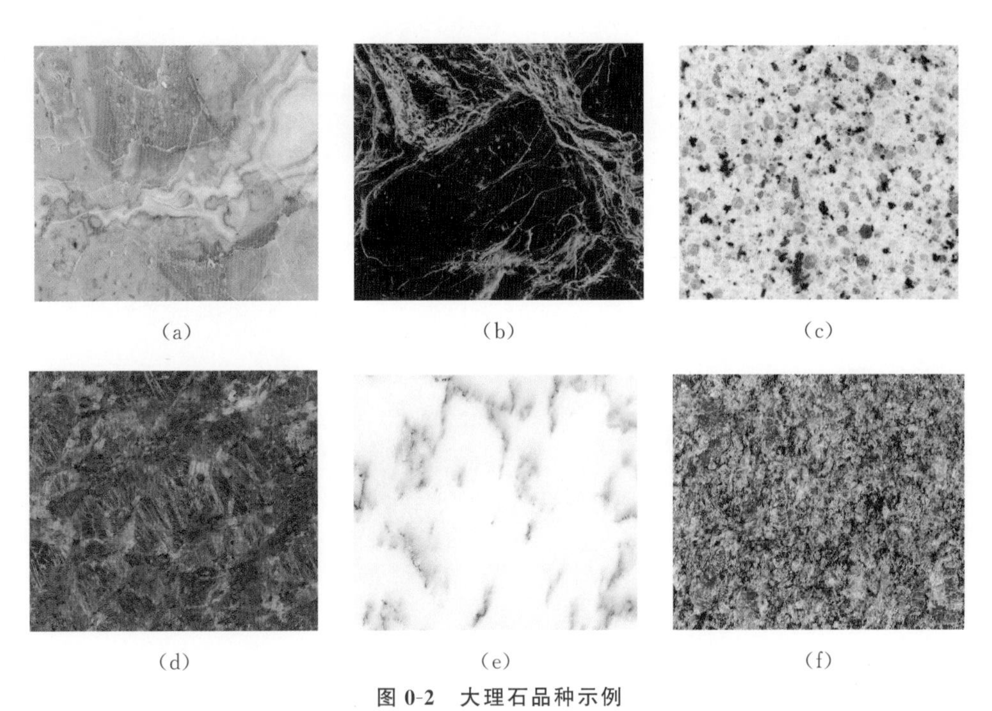
(a)　(b)　(c)　(d)　(e)　(f)

图 0-2　大理石品种示例

(a)意大利-凯悦红；(b)意大利-纹绿；(c)巴西-珍珠白麻；(d)印度-英国棕；(e)意大利-山水纹大花；(f)印度-玫瑰珍

图 0-3　各种陶瓷面砖

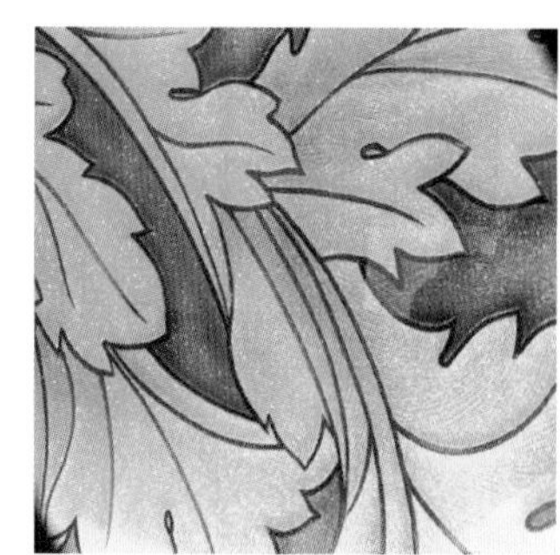

图 0-4　各种玻璃制成品

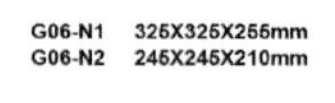

图 0-5　玻璃工艺品示例

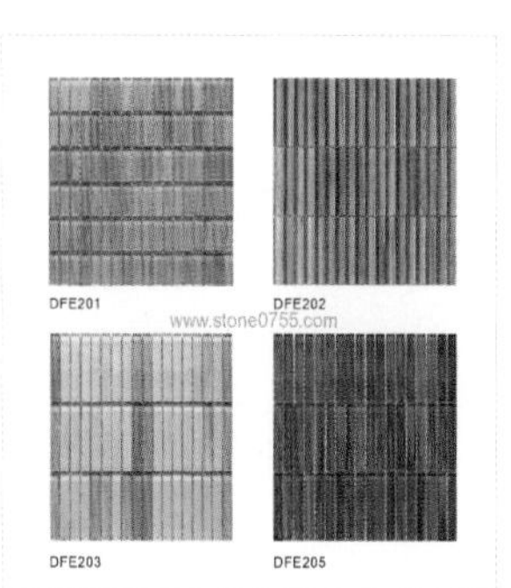

图 0-6　玻璃马赛克示例

图 0-8　石膏装饰制品

图 0-9　金属装饰制品

图 0-10　金属工艺品

图 1-1　木地板示例

(a)

(b)

(c)

(d)

(e)

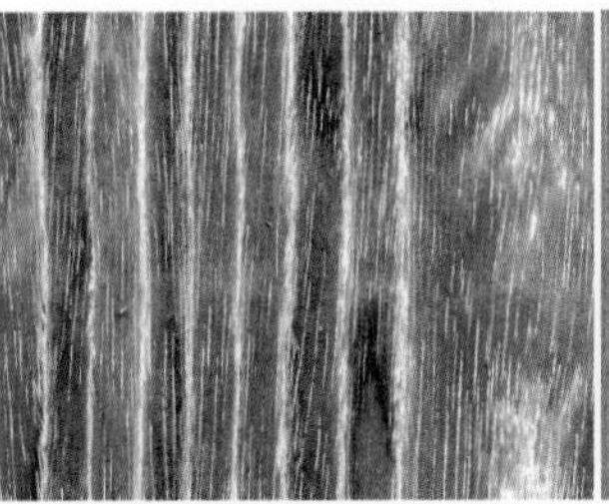
(f)

(g)

(h)

图 1-2　实木地板用材示例

(a)胡桃木；(b)泰柚(油性)；(c)法国樱桃；(d)黄玫瑰；(e)橡木；(f)银杏；(g)柚木皇；(h)柚木檀；

(i)白冰树；(j)麦哥利；(k)黑斑马；(l)红斑马；(m)美国白橡；(n)红檀影；(o)沙比利；(p)黑胡桃

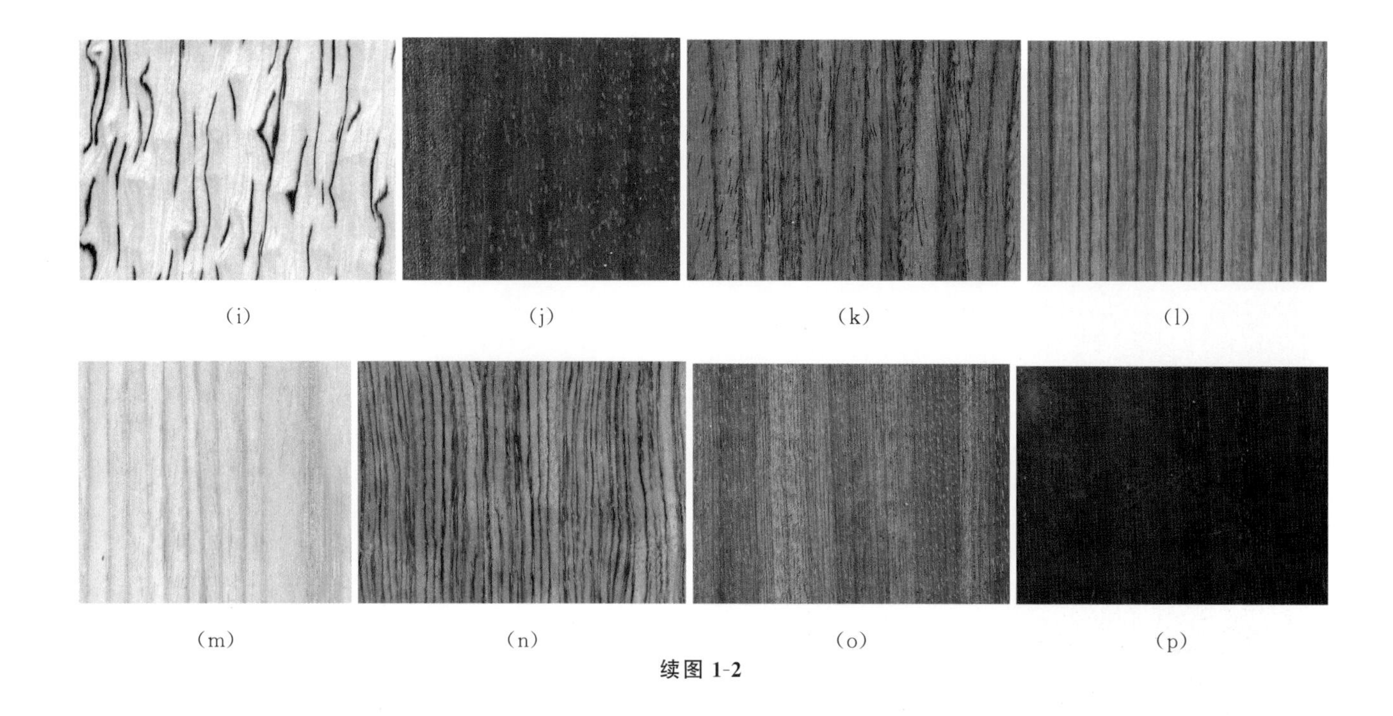

(i) (j) (k) (l)

(m) (n) (o) (p)

续图 1-2

(a)

(b)

图 1-4 竹地板

(a)面层;(b)剖面

图 1-5 塑料地板砖

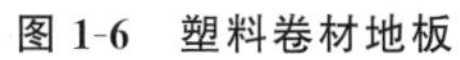

图 1-6 塑料卷材地板

图 1-7 石材类板块料楼地面实例

图 1-8　锦砖

图 1-9　地毯

图 1-10　京式地毯

图 1-11　美术式地毯

图 1-12　仿古式地毯

图 1-13　化纤地毯

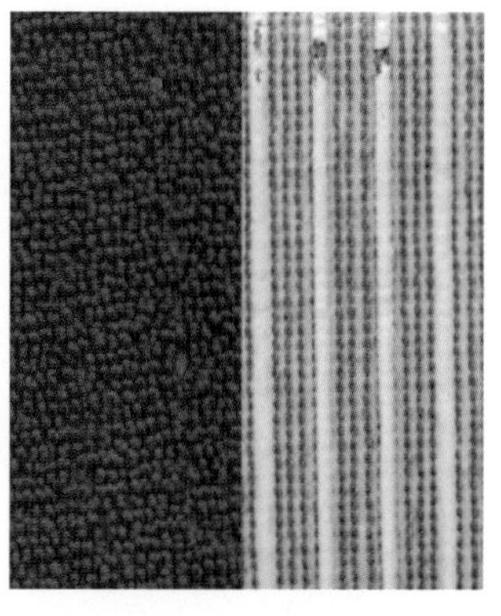

图 1-14　橡胶绒地毯

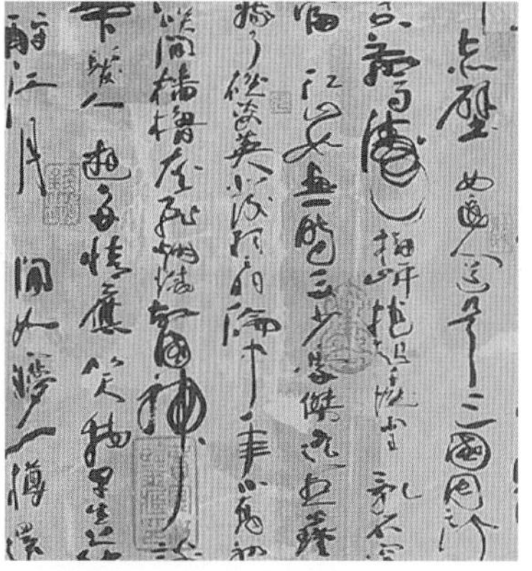

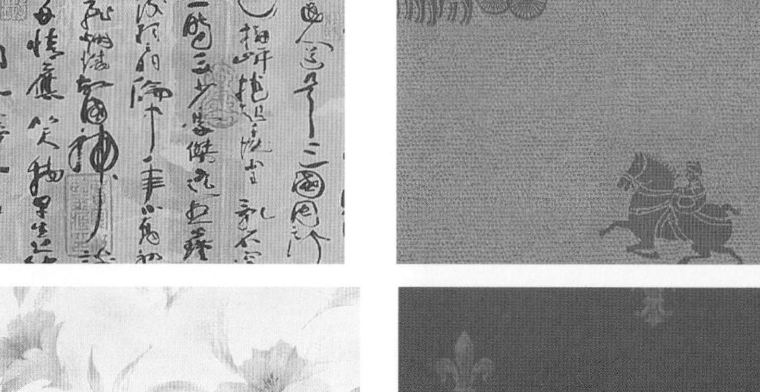

图 2-1　壁纸

图 2-2　石材内墙地面

图 2-17　皮革及人造革饰面墙

图 2-21　柱面装饰

图 3-1　顶棚示例一

图 3-2　顶棚示例二

图 3-3　顶棚示例三

图 3-4　顶棚示例四

图 3-5　顶棚示例五

图 3-7　木龙骨

图 4-3　木门

图 4-6　塑料门

图 5-1　楼梯

图 5-2　隔墙

图 5-3　隔断

图 5-4　窗帘及窗帘盒